Dionyz Dugas

Ervas da avó

Dionyz Dugas

Ervas da avó

Atlas popular do conhecimento e utilização das plantas medicinais mais conhecidas

ScienciaScripts

Imprint

Cover image: www.ingimage.com

This book is a translation from the original published under ISBN 978-620-4-71739-5.

Publisher:
Sciencia Scripts
is a trademark of
Dodo Books Indian Ocean Ltd. and OmniScriptum S.R.L publishing group

120 High Road, East Finchley, London, N2 9ED, United Kingdom
Str. Armeneasca 28/1, office 1, Chisinau MD-2012, Republic of Moldova, Europe
Managing Directors: Ieva Konstantinova, Victoria Ursu
info@omniscriptum.com

Printed at: see last page
ISBN: 978-620-8-62572-6

Índice

ERVAS DA AVÓ

A avó, Aurélia Dugasová (1906 - 1996), era de facto a minha mãe. Nos anos 50, eu era ainda um rapaz e lembro-me de como o nosso pai nos preparava para a possibilidade de perdermos a nossa mãe. Tal como um homem que se afoga se agarra a uma palha, ela tentou o seu último tratamento de esperança com ervas. A sua condição melhorou gradualmente, começou a aprender sobre ervas, a colhê-las e, pouco depois, a ajudar não só a si própria, mas também a outros. Durante os seus muitos anos de prática herbalista, ajudou milhares de pessoas. A "avó" separou-se das suas ervas pouco antes do nonagésimo primeiro ano de vida. Colocámos neste livro os seus conhecimentos, a sua experiência e o seu amor pelas plantas medicinais. Eu tento viver com as ervas, seguindo o seu exemplo, e promovê-las, para que continuem a servir as pessoas. Este, juntamente com a expressão de profunda admiração e amor pelas ervas como parte da nossa mãe natureza, é também o principal objetivo desta publicação, que dedico à sua memória.

Dionýz Dugas

Eu e as minhas ervas

A minha vida com ervas só começou depois de ter cumprido os quarenta anos desta vida normal. Comecei a ficar doente, estava a piorar, nem os médicos nem os medicamentos me ajudavam, recomendaram-me uma operação e comecei a pensar no pior. Então, alguém me aconselhou a recorrer a uma conhecida ervanária. Fomos vê-la, ela deu-me alguns chás cujo conteúdo eu desconhecia, mas, para minha surpresa, comecei a sentir-me melhor. Tive outra boa experiência com o então famoso ervanário de Praga, Jan Mikoláško. Isso deu origem ao meu grande interesse pelas ervas.

Comecei a ir atrás de literatura sobre plantas medicinais, aprendi a conhecê-las, a colhê-las, a cultivá-las, a processá-las e a usá-las. Quando os meus chás continuaram a ajudar-me bem e o horizonte dos meus conhecimentos se alargou, comecei a ajudar os outros. Durante os meus mais de quarenta anos de prática, conheci pessoas diversas com opiniões ainda mais diversas. Algumas delas pediram-me ajuda, dizendo que alguém lhes "fez mal" ou que algo lhes "aconteceu"; outras vieram com tais problemas e em tais condições, que as ervas já não eram suficientes. Raramente tinha um paciente com a sua doença apenas no início. Acontece que na vida toda a gente vai primeiro com a sua doença ao médico. A maioria das doenças está relacionada com problemas da vida quotidiana no mundo civilizado, como o esforço excessivo no trabalho, o stress, a falta de exercício e a má alimentação e regime. Depois vêm os comprimidos, seguidos de mais comprimidos, injecções e, finalmente, o bisturi. Só quando o tratamento não ajuda, muitas vezes após muitos anos de doença ou num estado completamente desesperado, como um homem a afogar-se agarrado a uma palha, é que se tenta a sorte mais uma vez com ervas. Poderia escrever muitas páginas com nomes reais, moradas, doenças e resultados de tratamentos que, nesses casos, provam o extraordinário poder das plantas. Não quero com isso afirmar que as ervas podem ultrapassar ou mesmo substituir a ciência médica. O facto, no entanto, é que, durante milénios, na verdade até há relativamente pouco tempo, o médico e o herbalista eram um só. Só nos últimos tempos é que os seus caminhos se têm vindo a separar e não creio que isso possa mudar nos tempos mais próximos. Por conseguinte, ainda hoje, uma pessoa racional enfrenta a questão de como cuidar da sua saúde. O melhor, talvez, seja seguir o senso comum, de acordo com um velho e sábio ditado popular: "Ajuda-te a ti próprio, homem, que Deus também te ajudará".

A primeira regra da sua aplicação prática é a prevenção. Aqui as ervas encontram a mais ampla área de aplicação possível. Porque o que pode ser mais sensato do que a prevenção de doenças, tratando-as já no seu início e não permitindo que se desenvolvam. Nisso, raramente nos apercebemos de que as plantas comuns que nos rodeiam, como a urtiga, o dente-de-leão, o mil-folhas, a cavalinha, a calêndula, ou os legumes do dia a dia - couve, cenoura, aipo, beterraba e outros - são medicamentos de primeira classe. Poderá um comprimido ser melhor do que a roseira brava, as bagas de groselha preta ou as bagas de espinheiro marítimo? No entanto, quase ninguém os promove ou oferece. Mas, todos os dias, a publicidade maciça de comprimidos e suplementos nutricionais caros inunda-nos virtualmente de todas as direcções. Podem não ser maus, muitos deles também utilizam substâncias contidas em plantas medicinais, mas a maior parte das vezes já não é a prevenção ou o tratamento recomendado, mas sim o negócio farmacêutico, ao qual devemos aprender a resistir e regressar à natureza. Não consigo imaginar que possam ser feitos comprimidos de alho ou de couve que sejam mais eficazes do que a utilização dessas plantas medicinais no seu estado bruto.

Mas mesmo que uma doença se manifeste, as ervas podem, em alguns casos, ajudar ou complementar adequadamente o tratamento oficial. Há casos, tais como condições de operação aguda, inflamações fortes, ferimentos, etc., que são definitivamente adequados para o hospital e ninguém os trataria com ervas atualmente. A ciência médica está a avançar a passos largos, é capaz de transplantar órgãos vitais, surpreende-nos com algumas operações ao coração e aos olhos, enquanto a era da genética está apenas a começar. Por outro lado, a minha própria experiência mostra que a mesma ciência é muitas vezes incapaz de lidar, por exemplo, com coisas aparentemente pequenas, como verrugas ou dores de estômago. Em muitos casos, parei hemorragias femininas tão frequentes, como última tentativa desesperada antes de uma intervenção cirúrgica, tratei um membro identificado para amputação, ajudei a ter e a dar à luz uma criança saudável, tratei nervosismo estomacal ou diarreias infantis. O meu chá ajudou melhor do que um antibiótico forte no caso de uma bronquite ou de uma gripe. Milhões de pessoas morrem prematuramente na sua idade produtiva devido a doenças cardiovasculares e tumores, e esta ciência avançada é incapaz de o evitar. Isso confirma que a utilização de plantas medicinais é fundamentada mesmo nos dias de hoje.

O próprio homem é o criador da sua saúde, é o seu mantenedor, mas, infelizmente, muitas vezes também o seu destruidor. Ele tem a sua saúde nas suas próprias mãos, tem o direito de se tratar como achar conveniente. Quando fica doente, tem o direito de escolher um médico e, em muitos casos, também o tratamento. Depende dele se permite ou não ser operado, se concorda com uma intervenção médica adicional ou com um método de tratamento recomendado. Por isso, penso que ele também tem o direito de recorrer à experiência milenar dos ervanários e aos medicamentos naturais do reino vegetal. É claro que, tal como no caso da medicina oficial, também neste tipo de tratamento o próprio doente é responsável pelas suas decisões, pelo tratamento ou conselho que aceita e pela forma como o aplica. No fim de contas, é o que acontece também em todas as outras actividades e situações que a vida traz.

Apesar de falarmos de plantas medicinais, não posso deixar de referir outras condições importantes para uma boa saúde. Nenhuma doença se manifesta como um problema isolado; sempre todo o organismo está de facto doente, e a doença é apenas uma certa manifestação e um aviso num local menos resistente. Não basta beber chá quando comemos mal, sofremos de falta de vitaminas e de nutrientes, vivemos em stress, sem movimento, sem ar fresco, sem desporto, sem relaxamento, ou num ambiente devastado. Em cada tratamento, esforcemo-nos por obter um efeito global no organismo, do qual as ervas são apenas um componente, embora significativo. Pensemos nas circunstâncias em que a doença ocorreu e, no seu tratamento, tentemos eliminar não só os efeitos, mas também as causas, e concentremo-nos na prevenção subsequente nesse sentido.

Há muito que penso quais as ervas a incluir entre as "minhas". Durante estes anos com elas, a seleção estabilizou-se com base numa visão prática, respeitando as nossas necessidades e a disponibilidade de plantas individuais. Em todo o mundo, são publicados muitos bons livros sobre plantas medicinais, contendo as suas descrições botânicas detalhadas, instruções de recolha e processamento, métodos de preparação e receitas para a sua utilização. Por isso, não quero repetir o que outra pessoa mais séria interessada em ervas aromáticas tem normalmente disponível. Gostaria antes, mais uma vez e de forma diferente, de chamar a atenção para a beleza e utilidade das ervas, de complementar os conhecimentos já conhecidos com alguns novos, na minha própria prática, conhecimentos e receitas verificadas, e de incentivar o nobre hobby da recolha e utilização de plantas medicinais. Porque, como nos diz um velho ditado sábio, as ervas dão-nos saúde nada mais nada menos do que duas vezes: quando saímos para as ir buscar à natureza e depois quando as usamos em casa.

O mundo das ervas aromáticas é um passatempo e uma ciência suficientes para várias vidas. Hoje, no momento em que escrevemos estas linhas, tenho oitenta e oito anos e estou convencido de que, se não fossem as minhas ervas, há muito que estaria noutro mundo. Com este livro, considero, portanto, que é meu dever agradecer-lhes todo o bem-estar que são capazes de proporcionar às pessoas. E, ao mesmo tempo, como meu dever transmitir todo o meu conhecimento e experiência a todos aqueles que estão dispostos a aceitá-los, para que possam usá-los e desenvolvê-los para agradar a si mesmos e aos seus entes queridos.

Prešov, fevereiro de 1994

Descrição das plantas

1 O prolongador de vida, que também ajudará a não fumar

Bandeira doce *Acorus calamus*

Quando comecei a conhecer as ervas aromáticas, durante muito tempo procurei em vão essa preciosa planta. É que ela não cresce em estado selvagem no nosso país; só aparece ocasionalmente em sítios onde foi plantada artificialmente. Apesar de finalmente a ter encontrado, fiquei satisfeito só de olhar para as suas folhas finas e recortadas, porque a bandeira doce, que produz uma droga medicinal, não está disponível para recolha gratuita. É, no entanto, possível comprá-la normalmente numa farmácia. Nunca faço um stock maior, pois não é possível armazenar este medicamento durante muito tempo porque perde as suas propriedades medicinais ao fim de um ano.

A bandeira doce pertence às ervas amargas. Os antigos herboristas chineses já lhe chamavam "prolongador de vida". O seu efeito positivo no trato indigestivo e a sua capacidade de limpar todo o organismo são tão fortes que os efeitos medicinais da bandeira doce são frequentemente comparados ao ginseng - a raiz da vida. De entre a multiplicidade de efeitos positivos em todo o organismo, o mais significativo é a sua influência no metabolismo, que é bem utilizada no caso de doenças do fígado e da vesícula biliar e estimula o funcionamento do estômago. Tem também efeitos hematopoiéticos, actua como diurético, reduz as dores menstruais e outras, diminui a temperatura e actua contra todos os tipos de cancro. É um bom meio para aumentar a aptidão física, por exemplo, após operações difíceis, irradiação, quimioterapia, durante a reconvalescença, em situações de fraqueza e em geriatria. Segundo uma tradição popular, mastigar um pedaço da raiz suprime a vontade de fumar um cigarro.

No caso de aplicação tópica, a raiz de sweet flag desinfecta e estimula a circulação sanguínea na pele. Aplicamos o macerado, a tintura ou uma solução oleosa nos locais doridos em caso de fraqueza muscular; podemos também utilizá-la como ingrediente em banhos de ervas e para o fortalecimento geral do organismo.

Nunca fervemos a raiz da bandeira doce, apenas preparamos macerado a partir dela ou podemos triturá-la em pó num almofariz e retirá-la na ponta de uma faca e colocá-la em pouca água. Após uma utilização prolongada, a bandeira doce não tem quaisquer efeitos secundários. No entanto, devemos evitar a droga de origem asiática. Trata-se de uma erva com um efeito forte, que deve ser doseado com cuidado e a sua utilização deve ser interrompida de vez em quando.

A bandeira doce é originária da Ásia Central, onde as suas excelentes propriedades são utilizadas desde a antiguidade. Foi trazida para a Europa pelos tártaros, o que pode ser comprovado pelo seu nome polaco "tatarak". Na medicina popular, há uma tradição que diz que o uso regular da bandeira doce cura todas as doenças do estômago.

Vinho doce de bandeira
Colocar 50 g de raiz de sweet flag esmagada e 20 cravos-da-índia em 1 litro de vinho tinto. Deixar macerar durante 14 dias; agitar de vez em quando. Passar por um coador e tomar uma colher antes das refeições para uma boa indigestão e para apoiar o metabolismo.

Mistura de chá para melhorar a indigestão
Misturar duas partes de cada uma das raízes de Sweet Flag, folhas de buckbean, e topo de absinto, e uma parte de cada um dos cardo de São Bento, centaury, e hortelã-pimenta. Colocar duas colheres da mistura em 1/2 litro de água à noite e deixar macerar durante a noite. De manhã, aqueça lentamente e, quando começar a ferver, tape e deixe arrefecer. Beba uma chávena meia hora antes dos pratos principais, mas não durante muito tempo.

Extrato aromático
Esmagar nove colheres de bandeira doce e uma colher de cravinho até obter uma mistura fina e deitar sobre um litro de vinho tinto. Deixar macerar num local quente durante catorze dias; agitar uma vez por dia. Passar por um coador e tomar 1 colher três vezes por dia para apoiar o metabolismo.

2 Só o maior ramo de flores pode aliviar o reumatismo

Aesculus hippocastanum

Os castanheiros-da-índia começam a florir no início de maio, período período em que a primavera entra na sua fase mais bonita. Esta bela árvore tem um nome muito revelador em húngaro, "bokrétafa", que significa árvore do bouquet. E podemos realmente comparar um castanheiro em plena floração com um belo bouquet, o maior que consigo imaginar. É por isso que era popular plantar castanheiros-da-índia em parques, muitas vezes em becos impressionantes.

Sempre gostei de colher o castanheiro-da-índia, as inflorescências inteiras, quando começam a florir, porque preciso de uma grande quantidade desse medicamento útil. De imediato, faço uma tintura com uma parte. Por vezes, as folhas também são recolhidas, nomeadamente para aplicação tópica. As sementes do castanheiro-da-índia, frutos secos particularmente apreciados pelas crianças, que caem do fruto no outono e que constituem um alimento frequente para os animais selvagens, são também utilizadas para tratamento. A flor do castanheiro-da-índia e várias outras preparações medicinais que dela derivam podem normalmente ser compradas.

Os efeitos medicinais do castanheiro-da-índia manifestam-se sobretudo a nível externo, no caso de reumatismos ou ciática. A aplicação tópica de flores esmagadas, folhas ou frutos cozidos esmagados ajuda no caso de varizes, inflamações venosas, trombose, vários tipos de dores e rupturas nos membros e articulações, mas também no caso de queimaduras e distúrbios da circulação linfática. Para todas estas doenças, a castanha-da-índia é uma das melhores plantas medicinais. Também podemos massajar os locais doridos com a tintura das flores.

No caso de utilização interna, o chá de flores de castanheiro-da-índia melhora a circulação sanguínea em todos os órgãos do corpo, pelo que apoia a sua principal utilização tópica. Actua contra as inflamações, melhora a circulação sanguínea, alivia os espasmos do estômago, melhora o funcionamento dos intestinos, ajuda nas dificuldades da menstruação e regula a coagulação do sangue. O chá de castanha-da-índia pode também servir como medicamento preventivo contra tromboses e má circulação sanguínea nos membros.

Enquanto que no caso da utilização tópica da castanha da Índia não temos quaisquer limitações, a sua utilização interna é apenas por um curto período de tempo. A ultrapassagem das doses recomendadas pode provocar dores de cabeça, vómitos, febre e intoxicações ligeiras. As castanhas, que são populares como iguaria, têm efeitos completamente diferentes e a castanha da Índia não pode ser substituída por elas.

O nome da castanha-da-índia tem origem no facto de, já no século XVI, ter sido utilizada no Império Otomano para tratar a dispneia dos cavalos. A castanha-da-índia contém uma substância chamada cumarina, que protege contra a radiação ultravioleta; é por isso que é um componente frequente dos cremes solares. De acordo com as superstições populares, devemos guardá-las sempre num bolso, porque protegem contra o mal, mas só até perderem o brilho.

Tintura de massagem de castanha da Índia
Cortar inflorescências frescas de castanha-da-índia numa tábua e deitá-las numa garrafa branca adequada. Verter a solução alcoólica de ervas, de modo a cobrir um pouco a droga, deixar macerar num local ensolarado durante 2 a 3 semanas, agitando-a de vez em quando, e depois verter através de um coador e filtrar. No caso de reumatismo e artrite, massajar com a tintura várias vezes ao dia.

Vinho para a regulação da coagulação sanguínea
Colocar duas colheres de flores ou de sementes de castanha-da-índia esmagadas e os topos secos e cortados de melilôto em 1 litro de vinho tinto. Deixar macerar durante 10 a 12 dias; agitar de vez em quando. Passar por um coador e tomar uma colher três vezes por dia antes das refeições, durante duas semanas no máximo, e depois fazer uma pausa mensal. Este vinho também afina o sangue e actua de forma preventiva contra a trombose.

3 Um medicamento para tudo e para todos

Agrimónia comum*Agrimónia eupatoria*

A agrimónia comum é conhecida pelas pessoas que se dedicam às ervas aromáticas porque pertence às nossas plantas medicinais mais conhecidas e mais difundidas, nomeadamente nas zonas rurais. Foi uma das primeiras ervas com que entrei no seu mundo; vi-a muitas vezes a ser vendida no mercado. A agrimónia comum está muito difundida na natureza, embora esteja muitas vezes escondida na erva alta. Quando floresce com flores amarelas ricas, um pouco semelhantes ao verbasco, é também uma planta muito bonita. A agrimónia comum é uma das ervas mais frequentemente colhidas, e estou um pouco preocupado com o seu futuro, pelo que apelo ao seu cultivo e venda mais generalizados.

As folhas e a parte superior e macia do caule em flor são uma droga medicinal. Eu colho-a quando começa a florir; nessa altura ainda não tem as desagradáveis sementes pegajosas. Deve ser cortado em pedaços, porque endurece muito rapidamente e depois é muito difícil de fazer.

O topo de agrimónia comum é uma das ervas medicinais mais versáteis. Encontra amplas aplicações medicinais, das quais eu valorizo mais os seus efeitos em todo o sistema de indigestão - estômago, bexiga, fígado, pâncreas, duodeno e intestinos. Melhora a indigestão em geral, elimina os processos inflamatórios e as diarreias de várias causas. Reforça as defesas do organismo e também ajuda no caso de doenças de pele, quando recomendo combiná-lo também com o uso tópico.

Considero a agrimónia comum como o melhor medicamento tópico à base de plantas para as cordas vocais. É muitas vezes chamada a planta dos oradores e dos professores. Pode tratar os problemas das cordas vocais mesmo sozinha, mas os seus efeitos são ainda mais reforçados em combinação com sálvia, hissopo ou calêndula. Podemos aplicar gaze embebida numa forte decocção de agrimónia comum aos olhos cansados e a vários tipos de doenças de pele.

A boa propriedade do agrimony comum é que é completamente inofensivo; também pode ser usado por mulheres grávidas e lactantes. Com a dosagem habitual, podemos utilizá-lo sem preocupações também durante muito tempo, o que, no entanto, não significa permanentemente.

A agrimónia comum tem sido mencionada como planta medicinal por todos os herboristas desde a antiguidade. Na Grécia Antiga, era dedicada à deusa da guerra justa, Pallas Athena, e dela era feita uma pomada para as feridas dos soldados. Na magia popular, a agrimónia comum era utilizada para repelir os maus espíritos e as energias negativas, mas também como uma erva milagrosa contra as insónias. De acordo com o Culperer's Herbal, datado de 1645, a agrimónia comum deve atuar melhor nas pessoas nascidas no signo zodiacal de Câncer.

Chá para o fígado

Misturar duas partes iguais de agrimónia, erva de S. João e hortelã-pimenta. Juntar uma colher de sementes de cardo mariano moídas, adicionar 1/2 l de água, deixar ferver lentamente e deixar arrefecer tapado. Verter através de um coador e beber duas vezes por dia no caso de todas as dificuldades hepáticas.

Mistura de chá para as cordas vocais
Juntar uma parte de cada uma das folhas de salva e de hissopo a três partes de folhas de agrimónia comum. Ferver duas colheres da mistura em 1/2 l de água e deixar em infusão, tapada, durante 15 minutos. Passar por um coador, adoçar com mel conforme o gosto pessoal, colocar num frasco de vácuo e beber em goles durante todo o dia.

Mistura de chá para dissolver cálculos biliares
Juntar uma parte de cada uma das raízes de bardana maior, de lovage e de celandine maior a duas partes de agrimónia comum. Ferver duas colheres da mistura em 1/2 l de água e deixar arrefecer, tapado, até atingir uma temperatura consumível. Beber em jejum várias vezes ao dia.

4 Quando o exército não tem medicamentos, o milefólio virá ajudar

Yarrow *Achillea*

Lembro-me do milefólio da minha infância, quando, durante a Primeira Guerra Mundial, em crianças na escola, íamos recolher a "erva do sangue". Mandavam-na para a frente de combate, onde compensava a falta absoluta de medicamentos.

A maioria das pessoas na Eslováquia conhece esta erva pelo seu nome mais antigo "myší chvost" (cauda de rato). A Yarrow pertence às ervas medicinais mais frequentemente utilizadas. Embora a planta em si não seja notável pela sua beleza, em locais de presença densa é capaz de decorar todo o prado. As flores secas são frequentemente utilizadas para fins decorativos.

O Yarrow é invulgarmente frequente na nossa natureza. A sua floração é longa, até ao outono. Prefiro colher flores esbranquiçadas, pois considero as ligeiramente cor-de-rosa ou violetas menos valiosas.

Corto as flores ou os topos assim que começam a florir. O medicamento pode ser comprado normalmente numa farmácia, mas recomendo que prefira a sua própria coleção, que agradece.

Podemos utilizar a capacidade do milefólio para tratar feridas, comprovada entre os soldados, também hoje em dia, uma vez que esta erva está entre as mais comprovadas para esse fim. Tem um forte efeito desinfetante, que pára rapidamente a hemorragia e cura as feridas recentes. Quando a hemorragia pára, podemos aplicar a parte superior da planta fresca e esmagada na ferida e cobri-la com gaze, sob a qual a ferida cicatriza bem e também fecha bem. No entanto, a utilização do yarrow é muito mais vasta; é utilizado como penso para feridas difíceis de curar e sujidade da pele, e é um ingrediente popular de misturas de vapor e banhos de ervas.

As excelentes propriedades medicinais do milefólio também são aplicadas internamente. O chá de Yarrow foi comprovado em particular no caso de doenças femininas; pára as hemorragias, reduz as dores de espasmo durante a menstruação e eu comprovei-o no seu papel de primeiros socorros para parar uma enxaqueca que começa . Quando sentimos que a dor está a chegar, bebemos uma chávena de chá de yarrow quente. Também ajuda na indigestão, tem efeitos diuréticos, anti-escleróticos e desinfectantes; ajuda no caso de varizes. O uso de yarrow também é adequado sob a forma de uma tintura.

Embora o milefólio pertença às melhores ervas medicinais, no caso do seu uso exclusivo e de doses mais fortes pode causar envenenamento e também diminui ligeiramente a tensão arterial. Por isso, usamo-lo internamente, de preferência em misturas com outras ervas e apenas nos momentos de necessidade.

O nome latino de yarrow deriva do famoso lutador Aquiles, que se diz ter tratado uma ferida causada por uma lança. Na época medieval, devido à sua capacidade de tratar feridas cortantes, tornou-se um símbolo da guerra. Era também uma planta mágica, que fazia parte das bebidas do amor. Aqueles que a transportavam eram protegidos e recebiam coragem.

Chá de mulher versátil

Adicione uma parte de cada uma das flores de lady's mantle top, deadnettle e camomila a duas partes de yarrow. Deitar 1/2 litro de água a ferver em cima de duas colheres da mistura de chá e deixar em infusão tapada. Beber duas vezes por dia no caso de todos os problemas femininos.

Mistura de chá no climatério
Para aliviar as dificuldades durante esse período, prepare uma mistura de chá com três partes de folhas de mil-folhas, às quais adicione uma parte de arruda, de alecrim e de hortelã. Deite 1/2 l de água a ferver sobre duas colheres da mistura e deixe-a em infusão tapada. Beba o chá durante vários dias, quando as sensações desagradáveis forem intensas.

Tintura de Yarrow
Cortar as flores de mil-folhas em pedaços pequenos, deitá-los livremente num recipiente adequado e verter sobre álcool mais forte, de modo a que a droga fique bem coberta. Deixar macerar durante 2 a 3 semanas; agitar de vez em quando. Verter através de um coador, deixar sedimentar e decantar cuidadosamente ou aspirar com uma mangueira. Tomar 20 gotas 2 a 3 vezes por dia.

5 Manto de Senhora, a dádiva de Deus para todas as mulheres

Manto de Senhora *Alchemilla xantochlora*

Quando conheci esta preciosa erva pela primeira vez, soube imediatamente porque é que na tradição popular, mas também noutras línguas, é chamada "manto de senhora". As suas folhas bem formadas parecem mesmo uma saia plissada ou um manto. O manto de senhora gosta de crescer em locais húmidos a altitudes médias e elevadas, onde muitas vezes cria tapetes densos, que impressionam pela forma como decoram a paisagem quando florescem. É aí que a colho com mais frequência, tendo apenas o cuidado de não danificar as suas finas raízes. Toda a parte aérea da planta é recolhida no início da sua floração. Uma vez que é demasiado delicada e fácil de esmagar, deve ser seca com cuidado. Nos últimos tempos, a popularidade do manto de dama tem vindo a aumentar, pelo que, normalmente, podemos comprá-lo.

Parece que a própria natureza deu a entender através do lady's mantle que a erva se destina especialmente às mulheres. Considero-a como a primeira a ser utilizada em todas as doenças dos órgãos femininos, que ela cura internamente e a partir do exterior. O chá de manto de senhora fortalece um útero pouco desenvolvido ou enfraquecido, pelo que aumenta a probabilidade de conceber e ajuda a manter o feto. Já tenho vários "filhos de manto de senhora" que, após anos de infertilidade, nasceram graças ao meu chá. Qualquer futura mãe que queira ter um parto bem sucedido e dar à luz facilmente uma criança saudável deve, a partir do terceiro mês de gravidez, mas pelo menos durante os últimos três meses antes do parto, beber 1 a 2 chávenas de chá de manto de senhora. Mesmo no caso de hemorragias fracas durante a gravidez, é necessário beber imediatamente chá de manto de dama, de preferência com a adição de cavalinha, bolsa de pastor e cavalinha. Após o parto, o manto de dama é também benéfico para o bebé; melhora a qualidade do leite materno, apoia a sua produção e excreção. No entanto, não é apenas a planta das futuras mães; também ajuda outras mulheres nos casos de distúrbios menstruais, corrimento branco e climatério. O manto de dama também tem outras propriedades boas - trata distúrbios de inflamação, é benéfico para órgãos de indigestão e acalma em geral, pelo que é benéfico não só para as mulheres, mas também para os homens.

Uma decocção mais forte de manto de senhora é utilizada para lavagens em casos de inflamações ginecológicas, em particular dos ovários, para banhos de assento em casos de hemorróidas e corrimento branco, para lavar feridas e como ingrediente para banhos de reforço.

O manto de senhora não tem quaisquer efeitos desfavoráveis. Podemos utilizá-lo nas doses habituais também durante muito tempo.

Uma caraterística interessante das folhas do manto de senhora é o facto de nelas aparecer uma gota de orvalho única, que brilha como uma pérola ao sol. Os alquimistas medievais chamavam-lhe orvalho celestial e usavam-no na sua busca da pedra filosofal. Só mais tarde se descobriu que a própria planta contribui para a criação da lendária gota durante as noites húmidas, excretando água das folhas.

Mistura de chá para apoiar a fertilidade da mulher

Adicione uma parte de cada um dos topos de yarrow, manjerona, sálvia e urtiga branca a três partes de topos de lady's mantle. Deitar 1/2 litro de água sobre duas colheres da mistura e deixar em infusão tapada. Passar por um coador, juntar 10 gotas de tintura de visco e beber três vezes por dia em terços da quantidade.

Banho de assento nos casos de corrimento branco
Misturar partes iguais de copas de manto de senhora, folhas de nogueira (pericarpo) e flores de trevo. Juntar dez colheres em dois litros de água, deixar ferver durante um curto período de tempo, tapado para infundir. Verter através de um coador para um banho de assento, que deve durar 10 a 15 minutos.

6 Muita saúde para pouca paciência

Alho *Allium sativum*

Até mesmo coisas milagrosas são ditas entre as pessoas sobre os efeitos medicinais do alho, mas, por outro lado, muitas vezes recusam-no. Mas se tivesse de escolher a melhor de muitas plantas medicinais excelentes, atribuiria provavelmente o primeiro lugar ao alho.

Isto deve-se ao facto de o alho ter efeitos medicinais quase inacreditáveis e muitas vezes comprovados. Em primeiro lugar, devemos mencionar que alarga e limpa as veias, melhora a circulação sanguínea, na qual actua até aos mais pequenos capilares, e estimula o sistema linfático. Também controla a tensão arterial, ajuda nos casos de arteriosclerose e aumenta a produção de glóbulos vermelhos. As suas propriedades anti-sépticas são tão fortes que destrói de forma fiável todos os germes temidos; até os seus vapores destroem os micróbios. Desinfecta os órgãos internos, reforça o funcionamento do coração, ajuda nos casos de diabetes, expulsa os parasitas do intestino e tem um efeito positivo nas vias respiratórias e nas inflamações de todo o tipo. Retarda o envelhecimento e aumenta a potência sexual dos homens e a libido das mulheres. Tem efeitos anti-carcinogénicos significativos. Poderíamos continuar a enumerar os efeitos positivos do alho para a saúde durante muito tempo, uma vez que se trata de um medicamento vegetal versátil, excecional e excelente.

O alho também é muito bem aplicado em uso tópico nos casos de dores de estômago, verrugas e outros problemas de pele, para a cura de feridas, úlceras, dores reumáticas e nos casos de picadas de insectos.

O problema com o uso do alho é que, para além de ser quente na boca, a pessoa "cheira mal", o que é socialmente inaceitável. No entanto, o alho prova que tem um efeito positivo em todo o organismo, até aos poros da pele. Qualquer tentativa de eliminar o fedor do alho tem como consequência a perda dos seus melhores efeitos. Comamos, portanto, o alho cru em pequenas quantidades, 1 a 3 dentes, mas numa altura adequada, para não incomodar os que nos rodeiam. Se todos o comermos nos nossos ambientes domésticos, não incomodará ninguém.

Como acontece com todos os medicamentos, não se deve consumir alho de forma descontrolada. O seu forte efeito pode causar irritação do trato indigestivo e pode ser perigoso para o sistema circulatório.

A humanidade utiliza o alho desde tempos imemoriais. Os seus vestígios foram encontrados em locais da cultura de Hallstatt. Devido aos seus efeitos fortificantes, na antiguidade era dado aos soldados, aos escravos e aos construtores de pirâmides. O alho é também uma planta de culto, até hoje um dos símbolos do Natal. De acordo com as superstições populares, quando se usavam contas de dentes de alho no pescoço, protegiam contra doenças infecciosas. A constelação de Carneiro é o parceiro astrológico do alho.

Medicamento à base de alho e cebola

Deitar 1 litro de água morna sobre dois bolbos de alho esmagados, quatro cebolas cortadas em pedaços pequenos, cinco colheres de rábano moído e três limões cortados sem pele. Deixar macerar durante 3 a 4 semanas, verter através de um coador, juntar cinco colheres de mel e beber, em jejum, uma chávena pequena por dia como prevenção.

Gotas de alho

Verter álcool branco sobre o alho cortado finamente, de modo a cobri-lo bem. Deixar macerar durante 2 a 3 semanas num local escuro, agitando de vez em quando. Verter através de um coador e tomar 10 - 15 gotas com um pouco de água três vezes por dia como prevenção contra a arteriosclerose.

Alho numa orelha

Nos casos de várias dores de ouvido e de audição agravada, insira um pedaço oblongo de um dente de alho acabado de cortar num pedaço de gaze, dobre-o e insira-o cuidadosamente no ouvido durante várias horas. Deixar a gaze sair livremente, de modo a poder retirar o alho confortavelmente.

7 Um curandeiro versátil de um jardim decorativo

Marshmallow *Althaea officinalis*

Esta erva útil não cresce em estado selvagem no meu país, por isso, todos os anos, cultivava-a no meu jardim da frente, que ficava lindamente decorado com ela quando florescia. Tinha sempre pena de a colher, porque colhemos as folhas e as flores quando a planta começa a florir, o que acontece melhor num dia de sol, por volta do meio-dia. A droga mais valiosa do marshmallow é a sua raiz, que desenterramos no outono, quando termina o período de vegetação; limpamo-la, cortamo-la e secamo-la imediatamente. Este medicamento pode ser comprado numa farmácia. A malva-rosa, com belas flores grandes, cuja cor muda de branco-rosado para violeta-preto, é um parente do marshmallow. Podemos considerar as duas ervas como iguais em termos de efeitos medicinais.

O maior valor do marshmallow reside nas suas substâncias mucilaginosas, que criam uma camada protetora na superfície das membranas mucosas, protegendo-as assim contra a irritação. Este facto predestina o marshmallow em particular para o tratamento de doenças dos órgãos respiratórios. É um medicamento de primeira classe para a tosse, a tosse convulsa e o catarro dos brônquios. A sua foi comprovada em crianças, que sofrem frequentemente destas doenças. As substâncias mucilaginosas do marshmallow também são adequadas para misturas de chá para úlceras do estômago e do duodeno; também ajudam nos casos de obstipação. Nunca se deve ferver o marshmallow porque as substâncias mucilaginosas são destruídas por esse processo.

Só preparamos um macerado morno; se combinarmos o marshmallow com outras ervas, só o deitamos no chá já arrefecido.

O marshmallow é utilizado externamente para gargarejar e lavar os locais afectados nos casos de psoríase. Podemos aplicar um puré de raiz moída em úlceras, músculos doridos e também podemos usá-lo como uma máscara facial cosmética.

Não foram encontrados efeitos adversos na utilização do marshmallow. Este medicamento útil também pode ser utilizado por crianças e idosos sem qualquer limitação.

O nome latino do marshmallow deriva do grego *althaino*, que significa "curar". Já Hipócrates o prescrevia para o tratamento da asma brônquica. Os romanos comiam a raiz doce do marshmallow como uma iguaria; na Grécia era considerada uma erva que curava todas as doenças.

Xarope de marshmallow
Macerar a raiz de marshmallow fresca, descascada e moída numa quantidade adequada de água num local quente durante 24 horas; não ferver. Passar por um coador, adicionar mel e sumo de laranja, conforme o gosto, e misturar bem. Tomar este xarope delicioso e eficaz contra a tosse várias vezes ao dia.

Mistura de chá para úlceras do estômago e do duodeno
Juntar uma parte de cada uma das raízes de Sweet Flag e das flores de camomila a duas partes de raiz de marshmallow. Colocar duas colheres da mistura em 1/2 litro de água morna e deixar macerar durante a noite. Decanta cerca de 3 dl do macerado e ferve rapidamente o resto. Depois de arrefecer, misturar os dois componentes, passar por um coador, adicionar 20 gotas de tintura de arnica e beber em goles durante todo o dia.

8 A dopagem dos vegetais não é só para os lutadores

Endro*Anethum graveolens*

Já gostava do agradável sabor aromático e do aroma do endro, mesmo antes de saber quão útil para a saúde é esta pequena planta. Vejo-a frequentemente em quase todos os jardins e, embora não se destaque pela sua beleza, as pessoas cultivam-na apenas pela sua utilidade. Porque o endro não é apenas um medicamento, mas também uma especiaria muito saborosa e um ingrediente alimentar. Adiciono-o aos pepinos em conserva e não consigo imaginar batatas cozidas sem endro. Quando temos endro no jardim ou num vaso de flores numa janela, podemos usar um fresco para condimentar muitas refeições, utilizando ao mesmo tempo as suas excelentes propriedades curativas. O endro pode ser comprado na loja de produtos alimentares e no mercado. Para além das folhas finas normalmente utilizadas, os frutos do endro, depois de secos, são também utilizados para fins medicinais, para fazer chá ou para adicionar a misturas de chá.

A utilização do endro é muito útil, uma vez que estimula fortemente o funcionamento do estômago e de todos os órgãos internos, o que é transferido para todo o organismo. Diminui a pressão sanguínea, reforça o fornecimento de sangue ao músculo cardíaco e melhora a indigestão; é um meio comprovado contra o inchaço, actua como diurético e como desinfetante. Apoia a excreção do leite materno, enquanto as suas substâncias medicinais também actuam no bebé, que dorme melhor, fica mais calmo e não tem problemas de inchaço. Está provado que o endro é um meio preventivo contra problemas de saúde em viagem - enjoos, enjoos de automóvel e dores de cabeça.

O endro é uma pequena planta boa e inofensiva. Quando as suas sementes são utilizadas para tratamento, não se registam efeitos secundários. Não há risco de sobredosagem quando é consumido normalmente, eu apenas apelaria à sua utilização mais frequente, em particular no seu estado cru.

O primeiro registo da utilização do endro encontra-se num papiro egípcio antigo, datado do segundo milénio a.C. Na Roma antiga, o endro era administrado em banhos para mulheres histéricas e dele era feito um famoso unguento medicinal. Nos tempos bíblicos, o endro era tão apreciado que os judeus que cultivavam endro para venda tinham de pagar um dízimo aos sacerdotes pela sua venda. De acordo com as constelações, é uma planta de Gémeos.

Mistura de chá contra o inchaço

Ferva brevemente uma colher de chá de sementes de aneto finamente moídas e de topos de hortelã-pimenta e manjericão em 1/4 de litro de água e deixe-a tapada para arrefecer até atingir uma temperatura consumível. Verter através de um coador e beber no prazo de 1 a 2 horas.

Mistura aromática de aneto
Adicione uma parte de cada uma das folhas de manjericão, coentros e topos de manjerona a três partes de folhas de aneto secas. Triturar num moinho de carne ou de café, misturar bem e guardar num frasco adequado. Com esta mistura, poderá condimentar ricamente várias refeições e saladas.

9 Se quer ter um cabelo bonito, esqueça o ódio

Bardana *Arctium lappa*

Se eu tivesse de exprimir a minha antipatia por uma planta, então, em primeiro lugar, seria a bardana maior. Quando éramos crianças, costumávamos atirar as suas bolas espinhosas uns aos outros e, desde então, sinto um ressentimento permanente em relação a ela. É o que acontece também hoje em dia, quando se cola à minha roupa ou ao meu cabelo durante os meus passeios na natureza. E o seu aspeto também não é impressionante, só me agrada um pouco quando está completamente florida. Um parente quase idêntico, a bardana, tem completamente as mesmas propriedades.

O medicamento à base de bardana maior é feito a partir da sua raiz, que desenterramos na primavera, antes de as folhas crescerem, ou então só no outono, após o fim da floração. A raiz de bardana maior, mas também outras preparações medicinais e cosméticas a partir dela, podem ser compradas em lojas especializadas. Para além da raiz, também se podem utilizar as folhas jovens e as sementes.

Apesar da minha antipatia pela bardana maior, colho-a regularmente, pois trata-se de uma excelente planta medicinal. Purga fortemente o sangue, o que se manifesta em particular em todas as doenças de pele, tanto a nível interno como externo. Tem também efeitos diuréticos, apoia o funcionamento dos rins e ajuda a eliminar os resíduos nocivos do organismo. Estimula o metabolismo e fortalece-o durante a fadiga primaveril.

A bardana contém substâncias fungicidas e bactericidas; são conhecidos os seus efeitos positivos para o crescimento do cabelo quando utilizado topicamente. Impede a queda, a gordura e a caspa. Uma decocção forte é utilizada para lavar o rosto em casos de acne, pele gordurosa, erupção cutânea e doenças fúngicas da pele. Não foram encontrados efeitos secundários após a utilização da bardana maior, é uma erva boa e segura, que podemos utilizar sem preocupações.

A bardana-grande já era conhecida na Antiguidade; pertencia às plantas associadas a milagres e superstições. O seu nome latino foi provavelmente derivado do italiano *barda* - manta de cavalo - devido ao tamanho das suas folhas. Foi utilizada na Idade Média para apoiar o crescimento do cabelo, de acordo com o ensinamento sobre a assinatura - que semelhante é tratado com semelhante - devido ao seu cabelo denso. Nesse caso, era verdade por coincidência.

Pensos para acne

Juntar uma parte de raiz de chicória e de flores de dente-de-leão a duas partes de raiz de bardana. Ferver duas colheres da mistura em 1/4 de litro de água, tapada, em lume brando, durante 15 minutos, e depois passar por um coador. Aplicar compressas quentes nos locais afectados durante 15 a 30 minutos. Apoiar o tratamento bebendo chás para purgar o sangue e modificando a alimentação.

Óleo de bardana

Esmagar a raiz de bardana maior o mais finamente possível e deitar bastante azeite virgem ou óleo de girassol. Aquecer lentamente, até chegar perto do ponto de ebulição, mas não ferver. Deixar macerar num local quente durante duas semanas, num recipiente adequado, que se vira de cabeça para baixo todos os dias. Massajar o couro cabeludo com o óleo e levá-lo até às raízes do cabelo. Deixar a droga da raiz no recipiente até que todo o óleo seja gasto.

10 Acumular coragem antes de um dia difícil

Angélica *Angélica (Archangelica officinalis)*

Sinto respeito por esta planta fortemente aromática só pelo facto de ela crescer mais do que um homem. Atinge uma altura de mais de dois metros. Pertence à família das plantas de cenoura, que não se distinguem pela sua beleza, mas são atractivas pela sua enorme aparência. A Agelica não cresce em estado selvagem no meu país, mas é frequentemente cultivada para fins medicinais. Se não a tiver no seu jardim, não há problema em obtê-la numa farmácia. Nos prados húmidos e nos arredores das florestas, cresce a angélica selvagem, a sua parente, embora muito mais pequena. Tem apenas efeitos medicinais um pouco mais fracos e também a podemos utilizar de forma semelhante. A droga da angélica é a sua raiz, só raramente os seus frutos. A raiz é frequentemente utilizada na produção de licores amargos e na confeitaria.

Classificamos a angélica na categoria das plantas de ação forte e tonificante, podemos comparar os seus efeitos ao ginseng e ao sweet flag. Reforça o sistema nervoso e acalma todo o organismo. Recomenda-se a sua utilização antes de um dia difícil, por exemplo, antes de uma reunião importante, de uma exposição, de um exame, etc., quando se pretende estar em boas condições mentais e físicas. A Angélica tem amplas aplicações medicinais; controla as hemorragias menstruais, ajuda na indigestão, ajuda nos casos de catarro nos pulmões e é também recomendada nos casos de intoxicação por álcool e nicotina.

As sementes esmagadas ou moídas e a raiz esmagada de archangelica são bons ingredientes para banhos nos casos de dores nos músculos, articulações, paralisias e nervosismo geral. Uma decocção forte é utilizada como compressa para aliviar dores reumáticas e contra inflamações e pequenas úlceras na boca.

A Angélica é inofensiva em pequenas quantidades, mas, como acontece com todos os meios estimulantes, doses mais elevadas podem causar várias dificuldades; podem mesmo virar-se contra nós quando utilizadas antes de um dia exigente.

A angélica é originária das regiões setentrionais da Europa; fazia parte integrante da dieta dos Sami e dos Inuit. Na Idade Média, os monges gostavam de a cultivar nos jardins dos mosteiros como medicamento contra a peste. Os herbários medievais afirmam que a angélica recebeu o seu nome do arcanjo Miguel, de onde deriva provavelmente o seu nome popular "planta dos anjos".

Vinho de Angélica
Deitar 7 dl de vinho engarrafado sobre 5 colheres de raiz finamente cortada e deixar macerar, com agitação ocasional, à temperatura ambiente durante 2 a 3 semanas. Verter através de um coador e beber uma chávena pequena, em jejum, três vezes por dia.

Mistura de chá contra a intoxicação por medicamentos
Se exagerarmos no álcool ou na nicotina, depois de acordarmos, bebemos, em partes, 1/2 litro de chá de duas partes de raiz de angélica, às quais se adiciona uma parte de cada um dos topos de amor-perfeito e absinto. Ferver brevemente duas colheres da mistura para preparar o chá.

11 A primavera não o cansará, se desenterrar o rábano

Rábano *Armoracia rusticana*

Quando eu era jovem, muitas vezes deixavam-me moer rábano, porque a minha família gostava e nós comíamos frequentemente. Quando o fazia, chorava sempre e não conseguia compreender como é que alguém podia comer uma coisa tão terrivelmente picante. Agora sei que chorar ao moer o rábano é benéfico para a saúde e gosto bastante dele, apenas o deixo "arejar" antes de o comer, para que perca o seu picante excessivo.

O rábano cresce na nossa natureza como uma erva daninha frequente, mas também é cultivado como uma cultivar. Quando floresce com flores brancas e ricas, atrai a atenção com a sua beleza a uma grande distância. Apenas a raiz, que desenterramos no outono, é utilizada para fins medicinais e de consumo. Podemos comprá-la como um vegetal normal numa loja ou num mercado. Também é vendida em conserva como especiaria, mas eu prefiro as raízes frescas para aplicações medicinais.

O rábano é um alimento excecionalmente saudável, tal como o alho, a cebola ou a couve. Contém uma grande quantidade de vitaminas, minerais e outras substâncias valiosas para o organismo. Estimula os órgãos de indigestão, purga o sangue, é ligeiramente diurético e ajuda nos casos de doenças virais das vias respiratórias superiores. Actua também contra o escorbuto. É um excelente meio de reconvalescença e melhora o metabolismo nos casos de um modo de vida sentado. Esta propriedade do rábano é preciosa no mundo atual, mas não compensa a necessidade de um movimento saudável.

Os efeitos bactericidas do rábano penetram facilmente a pele no organismo. Aumentam a irrigação sanguínea na zona afetada por uma doença, pelo que aliviam a dor e favorecem a cura. Ajudam, portanto, nos casos de reumatismos, inflamações diversas, dores, inchaços e queimaduras de frio. Nos casos de dores de cabeça, recomenda-se esfregar as têmporas com aguardente ou óleo de rábano. O rábano é também utilizado como substância de conservação; duas colheres adicionadas a uma garrafa de maçã evitam o seu azedamento.

Na vida normal de hoje, consumimos rábano tão raramente que a sua sobredosagem não constitui provavelmente um risco; deveríamos antes utilizá-lo com mais frequência. Mas é uma planta forte, que pode irritar as membranas mucosas e os rins e, quando usada topicamente, pode causar irritação da pele e a formação de bolhas.

Sabe-se que os Celtas utilizavam o rábano; o seu primeiro nome científico, armoracia, que significa uma planta que cresce perto do mar, vem deles. Todos os médicos famosos da Antiguidade o utilizavam. Enquanto, segundo Plínio, suprimia a paixão incontrolável, Hildegard de Bingen recomendava a sua utilização contra o eczema e Matthioli recomendava-a para expelir a areia da urina.

Panqueca de rábano

Misturar rábano moído com um pouco de farinha, manteiga ou óleo, formar uma panqueca sobre um tecido fino e fixá-la num local doloroso em caso de reumatismo ou inflamações diversas. Proteger a pele com um creme adequado. Pode deixar a panqueca atuar, até ficar ligeiramente vermelha. Repetir o curativo até que a vermelhidão desapareça.

Vinho de rábano

Deitar 1 litro de vinho de uvas brancas sobre 10 colheres de rábano acabado de moer. Deixar macerar num local frio durante cerca de dez dias.

Em seguida, passar por um coador e beber em pequenas chávenas duas vezes por dia antes das refeições.

12 Até uma pessoa sensata se magoa e imediatamente coloca arnica

Arnica *Arnica montana*

Há muito tempo que andava à procura desta erva preciosa e nunca esquecerei a experiência forte que foi vê-la pela primeira vez. É que ela não cresce na Eslováquia e só raramente pode ser vista nas zonas montanhosas do norte da Boémia. Mas mesmo aí está altamente protegida, pelo que só é possível obtê-la comprando-a sob a forma de uma droga vegetal ou de uma tintura pronta a usar. Esta é a melhor forma de utilizar a arnica; deve estar sempre à mão, e recomendo-a para todos os kits de primeiros socorros - em casa, numa casa de campo ou mesmo no carro.

Considero a Arnica uma das plantas medicinais mais fortes, que por vezes ajuda de forma quase milagrosa. O seu maior valor reside na sua excecional capacidade de dissolver coágulos sanguíneos. Poderia mencionar muitos outros exemplos específicos em que a compressa de arnica ajudou de forma praticamente inacreditável em escoriações graves, esmagamentos, nódoas negras e unhas enegrecidas. Quanto mais cedo for aplicada após uma lesão, melhor ajuda, mas também é capaz de dissolver até coágulos sanguíneos antigos. A compressa de arnica também ajuda eficazmente nos casos de várias dores musculares, músculos rasgados, deslocações de articulações, inchaços e membros paralisados após um AVC. Aplicar a tintura de arnica, diluída com a mesma quantidade de água, nos locais doridos várias vezes por dia, ou colocar uma compressa.

A Arnica é considerada uma planta ligeiramente venenosa, pelo que o seu uso interno não é recomendado. Mas está provado que, na dosagem especificada nas receitas, não causa quaisquer dificuldades, muito pelo contrário, apoia a produção de sangue, alarga as veias e melhora a circulação sanguínea. Também tem um bom efeito na função cardíaca, nos casos de dores e crises de angina de peito, arteriosclerose, degeneração do músculo cardíaco, arritmia cardíaca e no chamado coração de velho.

Os efeitos medicinais invulgarmente fortes da arnica devem ser utilizados com muito cuidado. Uma solução demasiado concentrada usada topicamente irrita a pele e pode causar bolhas; internamente, doses mais fortes podem causar reacções alérgicas, tonturas e até inconsciência.

A primeira pessoa que mencionou a utilização da arnica para fins medicinais foi Hildegard de Bingen, no século XII, mas só foi popularizada por um herborista medieval, Matthioli. Era uma das ervas favoritas de J. W. Goethe, que tratava com ela a sua angina de peito. Esta pequena e preciosa planta é tão abundante nos prados alpinos que é considerada uma erva daninha, consumida com gosto pelas vacas.

Mistura de chá para reforçar a função cardíaca
Adicionar à mistura duas partes de cada uma das flores de espinheiro-alvar, dos topos de motherwort e dos frutos de espinheiro-marítimo, uma parte de cada um dos topos de arruda e das flores de arnica. Colocar em 1/2 litro de água, levar lentamente à ebulição, pôr imediatamente de lado e deixar coberto para fermentar. Verter através de um coador e beber três vezes por dia entre as refeições. Em vez de flores de arnica, pode adicionar uma colher de chá de tintura de arnica ao chá preparado.

Compressa de arnica
Colocar uma colher de tintura, um pouco de açúcar e uma colher de acetato de alumínio da farmácia em 2 dl de água. Embeber um pedaço de tecido adequado, fixá-lo no local dorido ou fazer uma ligadura. Deixar atuar durante mais tempo, mesmo durante a noite, se não houver irritação.

13 Se tudo em excesso é mau, o mesmo se aplica ao absinto

Absinto *Artemisia absinthium*

Há muitas plantas bonitas na nossa natureza, mas para podermos apreciar a sua beleza, é preciso que haja também algumas feias para comparação. Esse papel coube ao pobre absinto. Não se pode gabar das suas folhas nem das suas flores, e até o seu amargor se tornou uma personificação de todos os tipos de amargura. Talvez por isso tenha ocupado os lugares menos atraentes, como os aterros sanitários e os escombros.

Mas, tal como as pessoas, as ervas não podem ser julgadas de acordo com a sua aparência. O verdadeiro valor está escondido no seu interior. Se quase toda a gente conhece o absinto, é apenas porque pertence às nossas plantas medicinais básicas. De entre os muitos tipos de absinto, o que cresce mais frequentemente em liberdade é o absinto comum, seguido do grande, mais cultivado, mas também se cultivam outros tipos, como o absinto do sul - goddess wood - e o absinto do dragão - estragon. Eu gosto mais de colher o absinto "puxando para baixo" apenas as folhas e flores do topo; assim obtenho a droga de melhor qualidade. Mas também o podemos comprar numa farmácia.

Há poucas ervas tão amargas como o absinto. Só pode competir com o centauro ou com o feijão-de-corda; na minha opinião, é a planta mais amarga. O sabor amargo ajuda o trato da indigestão e isso aplica-se plenamente ao absinto. O chá de absinto ajuda nos casos de dores de estômago e envenenamentos, vómitos, falta de paladar e distúrbios na produção de ácido gástrico; melhora a função da vesícula biliar e do fígado, é excelente para tratar dores abdominais de vários tipos e expulsa parasitas intestinais. Tem também efeitos anti-inflamatórios e ajuda a tratar gripes e constipações.

O absinto é também utilizado como especiaria. As nossas avós davam topos de plantas entre as roupas para repelir as traças.

A utilização tópica do absinto é rara, mas uma decocção forte tem propriedades anti-sépticas, o que significa que é venenosa para os micróbios e impede a sua multiplicação. Podemos, portanto, utilizá-lo para lavar e tratar feridas negligenciadas, úlceras e casos de picadas de insectos.

O absinto é uma erva com um efeito forte. Enquanto que em pequenas quantidades acalma e tem os efeitos já mencionados, em maiores quantidades causa nervosismo. O seu uso prolongado pode provocar perturbações psíquicas e nervosas. É perigosa durante a gravidez e actua como uma droga viciante, podendo mesmo provocar graves danos à saúde. Por isso, usamo-lo apenas durante um curto período de tempo, num momento de necessidade, doseamo-lo com cuidado e excluímo-lo durante a amamentação. Devido a estas más propriedades do absinto, foi proibido produzir um destilado outrora popular - o absinto, também conhecido como vinho de absinto.

De acordo com os mitos, diz-se que o absinto tem uma origem celestial e era popular já na Grécia antiga. O vencedor do concurso de carros militares recebia, como prémio, uma bebida de absinto, que era considerada uma bebida de coragem. O seu nome latino deriva da deusa Artemis. Durante muito tempo, foi também utilizado como afrodisíaco. O zodíaco atribuiu as constelações de Virgem e Escorpião ao absinto.

Banho de absinto
Ferver dez colheres de absinto fresco ou seco em dois litros de água. Verter através de um coador num banho quente para os pés quando estes incham ou se estiver excessivamente cansado. O banho deve durar 15 a 20 minutos, no máximo antes de dormir, pois tem um efeito positivo em todo o organismo.

Mistura de chá para uma dor de estômago
Misture partes iguais de absinto, cardo de S. Bento, centauro e fava. Deite 1/4 de litro de água sobre uma colher da mistura e deixe-a em infusão. Beber no prazo de 1 a 2 horas. Não ingerir qualquer alimento; se as dificuldades não desaparecerem até ao dia seguinte, repetir o procedimento.

14 Vender o casaco e comprar betónia

Betónia *Betónica officinalis*

Admiro esta planta não só pelos seus valores medicinais, mas também pela sua beleza. O seu caule alto e fino e o seu rico ramo de flores cor-de-rosa atraem a atenção a longa distância. Forma frequentemente tapetes ricos, que parecem particularmente decorativos na natureza. A betónia é também muito boa para a coleção. Num belo dia de sol, corto as partes superiores da erva em flor, corto-as em pedaços e trato-as imediatamente depois de chegar a casa. A betónia também é vendida em lojas, mas, todos os anos, abasteço-me dela recolhendo-a na natureza selvagem.

Todos os que vierem colher betónia farão bem, pois esta erva tem múltiplas utilizações e faz parte de muitos chás medicinais. É mais frequentemente utilizada para curar os órgãos respiratórios. Como actua de forma benéfica nas vias respiratórias, é uma boa parte de uma mistura de chá nos casos de tosse seca ou tosse convulsa e quando se tosse com sangue. Para esse efeito, também podemos utilizá-lo separadamente, adoçando-o com mel e adicionando um pouco de sumo de limão. Serve também em casos de inflamações dos rins e da bexiga, perturbações nervosas, epilepsia e problemas de indigestão. Particularmente valiosa é a sua capacidade de reanimar os membros após um acidente vascular cerebral. Actua eficazmente contra as bactérias, mesmo contra as que são resistentes aos antibióticos.

A betónia cura feridas por via tópica, destrói bactérias e vírus, desinfecta e pára a hemorragia. Os pensos moles de betónia fresca ou seca ao vapor podem, por conseguinte, ser aplicados a úlceras nas pernas abaixo dos joelhos e a vários problemas de pele. O chá de betónia deve ser bebido ao mesmo tempo.

Devido aos seus efeitos medicinais de ação alargada, a betónia é também adequada para a produção nacional de bebidas espirituosas à base de ervas e aperitivos. A capacidade de cura total da betónia não tem quaisquer propriedades negativas, pelo que podemos utilizar a erva em doses normais sem limitações.

A fama medicinal da betónia remonta à Roma antiga, onde o imperador Augusto curava com ela quase todas as doenças. Este facto é também comprovado por um ditado italiano citado acima do título. Santa Hildegarda de Bingen recomendava que se enfiassem as pontas de betónia recém-secas numa meia e a colocassem junto a uma almofada para adormecer rapidamente e dormir bem.

Mistura de chá contra a asma brônquica

Misturar duas partes iguais de copas de betónia, de copas de lívio moídas, de elecampane e de raiz de marshmallow. Deitar duas colheres da mistura em 1/2 litro de água morna à noite e deixar macerar. Aquecer até uma temperatura próxima do ponto de ebulição, mas sem ferver. Deixar em infusão, tapado, durante 15 minutos. Verter através de um coador, aromatizar ricamente com mel e beber lentamente várias vezes ao dia após as refeições.

Medicamento à base de betónia
Colocar uma droga de betónia acabada de cortar num frasco adequado e verter sobre ela aguardente misturada com água na proporção de 1:1, de modo a que o volume do líquido exceda duas vezes o volume da droga. Deixar macerar num local frio durante pelo menos três semanas; agitar de vez em quando. Verter através de um coador; se quiser que o medicamento tenha um aspeto agradável, deixar sedimentar e sifonar cuidadosamente. Beber este delicioso e versátil medicamento em pequenas chávenas, em jejum.

15 Varrerás muitas coisas com uma vassoura de bétula

Bétula prateada *Betula pendula*

A casca branca como a neve, a forma bonita e os ramos de forma romântica predestinam a bétula para um concurso de beleza entre as árvores. Os bosques de bétulas inspiram artistas há muito tempo; na altura do verde da primavera, sinto-me neles como num paraíso terrestre.

O maior valor da bétula, no entanto, está escondido nos seus efeitos medicinais, por isso todos os anos colho primeiro os botões das folhas e depois as folhas inteiras, quando atingem o seu tamanho máximo. Alguns não recolhem eles próprios esta droga facilmente disponível; podem comprá-la numa farmácia, não apenas pura, mas também sob a forma de várias misturas e preparações.

De uma vasta aplicação medicinal da bétula, os seus principais efeitos são os mais importantes - um é interno, o outro externo. O chá de bétula tem excelentes efeitos diuréticos e não irrita os rins; pelo contrário, fortalece-os e melhora o seu funcionamento. Ajuda a libertar, dissolve e expulsa lentamente os cálculos renais. Um efeito acompanhante é a redução significativa do sal e do ácido úrico no organismo, o que é benéfico nos casos de gota e de reumatismo. É ligeiramente indutora de suor, pelo que retira a água do corpo também do exterior. É capaz de eliminar do corpo uma grande quantidade de substâncias nocivas e ajuda a eliminar os quilos a mais, pelo que faz parte dos componentes básicos das misturas de chá contra a obesidade. Os seus efeitos medicinais são significativamente aumentados também por um elevado teor de vitamina C.

Quando utilizada topicamente, a bétula limpa e desinfecta a pele do cabelo, apoia o crescimento do cabelo, aumenta a sua flexibilidade, elimina a gordura e acaba com a caspa. As folhas frescas de bétula amassadas podem ser colocadas num pano adequado e aplicadas nos locais doridos em caso de dificuldades articulares e reumáticas. Deixar atuar durante mais tempo, no máximo durante a noite. Os múltiplos efeitos benéficos da bétula são aplicados em banhos curativos.

Com os seus excelentes efeitos medicinais, a bétula não tem quaisquer propriedades negativas. Quando é doseada normalmente, podemos utilizá-la durante muito tempo, mas, como acontece com todas as ervas, não de forma permanente.

Devido à sua beleza, já na antiguidade era atribuída à bétula a designação de "graça siberiana". Os celtas acreditavam que tinha um poder milagroso e penduravam ramos de bétula nos quartos das virgens para as proteger dos pecados. Nos países nórdicos, ainda hoje se bebe seiva de bétula fermentada, que se assemelha ao champanhe.

Vinagre de ervas para o cabelo

Juntar uma parte de cada um dos topos de urtiga e de alfazema a duas partes de folhas de bétula. Deita-se 1/2 litro de vinagre de vinho sobre 6 colheres desta mistura. Deixar macerar durante 14 dias, agitando de vez em quando. Verter num coador, diluir com uma quantidade igual de água e esfregar na pele do cabelo.

Banho de bétula

Colocar 3 a 4 punhados de folhas de bétula frescas numa panela maior e ferver em lume brando durante 5 a 10 minutos. Verter através de um coador para a banheira e banhar todo o corpo em água agradavelmente quente durante cerca de 15 minutos. Depois do banho, não se secar com uma toalha, mas deixar o corpo inteiro a secar na casa de banho. O banho tem um forte efeito antirreumático e também ajuda a combater a obesidade.

16 O coração alegra-se quando a borragem agrada

Borragem *Borago officinalis*

A borragem é uma das minhas preferidas. Desde que comecei a cultivá-la, tenho-a sempre num vaso e no jardim e a sua beleza seria suficiente para mim, mesmo que não soubesse dos seus grandes valores medicinais. Aparo-o três vezes por ano, para ter sempre uma droga fresca, que também é utilizada como especiaria para melhorar o sabor. Quando faço pickles de pepinos, adiciono um ramo de borragem para melhorar o sabor. A droga medicinal é o topo florido inteiro, que deve ser seco com muito cuidado numa sombra e em camadas finas. Quem não cultiva borragem pode normalmente comprar o seu medicamento numa loja.

Já os médicos medievais afirmavam que a borragem trazia alegria e alívio ao coração, o que também é verdade hoje em dia. Poderia citar vários casos aparentemente sem esperança em que ela ajudou. A sua vantagem, tal como no caso do hawberry, é que actua lentamente, sem perigo, e os seus efeitos são permanentes. A borragem fortalece o músculo cardíaco, trata um coração aumentado e neurótico, e também ajuda a eliminar os fluidos do corpo, removendo substâncias nocivas do mesmo. Por isso, ajuda nos casos de reumatismo. Purga o sangue e fortalece o sistema nervoso, o que torna feliz não só o coração, mas também todo o organismo. As folhas de borragem podem ser adicionadas a um chá delicioso e as suas flores podem decorar saladas ou sanduíches.

Podemos utilizar uma decocção forte de borragem como gargarejo ou como penso para úlceras nas pernas abaixo dos joelhos e em feridas difíceis de curar. As folhas são utilizadas como ingrediente para máscaras de pele para peles secas.

A borragem não é tão inofensiva como é bonita. Contém também algumas substâncias venenosas, que podem danificar o fígado, pelo que a utilizamos com moderação e, na melhor das hipóteses, em misturas com outras ervas.

Não dispomos de informações suficientes sobre a origem do nome da borragem e a sua utilização na antiguidade. A tradição diz que deriva do cético borrah, que significa coragem. Só aparece com Matthioli, que a recomendava para os batimentos cardíacos fortes e para acalmar as "alucinações", o que, na sua linguagem, significava reduzir a temperatura. Um centenário mais tarde, Culpeper atribuiu-a às pessoas nascidas no signo zodiacal de Leão.

Mistura de chá contra a fraqueza do coração
Misturar partes iguais de borragem, erva-dos-nós e genista e folhas de bétula. Verter 1/2 de água a ferver sobre duas colheres da mistura e deixar em infusão tapada. Verter através de um coador, adicionar uma colher de chá de tintura de arnica e beber 2 a 3 vezes por dia, mas não durante muito tempo.

Vinho de borragem
Cortar os topos frescos em pequenos pedaços e encher uma garrafa adequada, até cerca de um quarto do volume. Completar com vinho tinto e deixar macerar durante 2 a 3 semanas, agitando ocasionalmente.
Verter através de um coador e beber em pequenas chávenas, 1 - 2 por dia, mas não durante mais de duas semanas, depois interromper a utilização durante três semanas.

17 Que o remédio seja o teu alimento e o alimento seja o teu remédio

Couve selvagem *Brassica oleracea capitata*

Se seguíssemos as recomendações do mais famoso médico antigo, mencionado acima do título, provavelmente consumiríamos muito mais couve. Este alimento tão básico, juntamente com as batatas, assegurava a sobrevivência em tempos de pobreza. Poucos, no entanto, se aperceberam de que não só fazia com que nos sentíssemos alimentados, mas também curados, pelo que assegurava essa sobrevivência duas vezes.

A couve é mais um de uma série de legumes do quotidiano que possuem propriedades medicinais de primeira classe. A descrição das substâncias contidas e a multiplicidade de indicações de tratamento ocupariam demasiado espaço e apenas confirmariam que a couve se encontra entre os primeiros dez melhores medicamentos vegetais. Tem um elevado teor de vitaminas C e B e de substâncias minerais, apoia a formação do sangue, diminui o nível de glucose no sangue, apoia o sistema cardiovascular e ajuda nos casos de todas as doenças dos órgãos de indigestão. Limpa e desinfecta tão bem os intestinos que, nas epidemias de cólera, praticamente salvou vidas - quem comia muita couve não adoecia. O sumo fresco de couve branca tem um forte efeito curativo nas úlceras do estômago e do duodeno e desintoxica o fígado e os rins. Trata o estômago e os intestinos após o consumo de alimentos estragados e envenenamentos por carne; reduz o inchaço e expulsa os parasitas intestinais. Diluído com vinho branco, é pingado num ouvido nos casos de enfraquecimento da audição e surdez. O chucrute torna as pessoas mais jovens, induz um humor agradável e frescura mental, melhora a imunidade e actua contra o stress. Recomendo comer, em jejum, uma mão-cheia de chucrute todas as manhãs, em especial a pessoas com diabetes.

As folhas de couve são um dos melhores medicamentos vegetais para uso tópico. Podem ser aplicadas como um excelente penso medicinal em praticamente todos os problemas e dores do corpo. Este penso ajuda em várias erupções cutâneas, eczema, dores reumáticas e musculares, feridas sépticas, contusões, esmagamentos, queimaduras e muitas outras condições.

Considero que a couve é um género alimentício particularmente saudável. Por conseguinte, consumamo-la com mais frequência sob todas as formas, em especial crua. Diz-se que tudo em excesso é prejudicial, o que também se poderia aplicar à couve, mas não há casos desses no seu consumo normal.

A couve é consumida desde tempos imemoriais; a antiguidade conhecia cerca de vinte das suas cultivares. Também era cultivada para fins medicinais e era chamada a medicina dos pobres, embora ajudasse melhor do que a maioria dos medicamentos caros dos ricos de então. É também um alimento tradicional dos eslavos, que descobriram a fermentação da couve provavelmente já antes da sua chegada ao nosso território.

Molho de couve
Colocar folhas de couve entre dois pedaços de tecido, martelá-las numa tábua para que as suas veias se partam e depois aquecê-las com um ferro quente, para que fiquem macias. Depois, aplique-as quentes no local dorido, enfaixe-as com um tecido adequado e deixe-as atuar, no máximo, durante a noite.

Sumo de couve
Esmagar a couve branca e adicionar sumo de cenoura para melhorar o sabor na quantidade de cerca de 1/4 do volume de sumo de couve extraído. Beber um copo pequeno três vezes por dia durante 4 a 6 semanas. Para utilização contra a tosse, adicionar mel em cerca de 1/4 do volume ao sumo fresco, misturar bem morno e tomar às colheradas durante todo o dia.

Mistura de chá para enfraquecer a menstruação
Prepare-a a partir de partes iguais de flores de calêndula e de topos de bolsa-de-pastor, salva e milefólio. Deitar 1/2 litro de água a ferver sobre duas colheres da mistura e deixar em infusão tapada. Adicionar uma colher de tintura de valeriana e beber três vezes por dia durante um ciclo.

18 Até o maior dos males fará cócegas com a calêndula

Calêndula em vaso *Calêndula officinalis*

Seria difícil encontrar um jardim em que as cabeças amarelas dos malmequeres não sorrissem. São tão impressionantes que as coloco entre as mais belas de todas as flores. Gosto delas também porque florescem durante muito tempo e duram num vaso. A maior parte dos cultivadores de malmequeres em vaso, no entanto, mal sabe da força medicinal escondida nesta beleza de flor. A droga das flores de calêndula e uma pomada feita a partir dela pertencem ao conteúdo básico do meu kit de primeiros socorros à base de plantas. Quando as colho, apanho as cabeças totalmente floridas, sempre num dia de sol, por volta do meio-dia. Prefiro flores mais escuras e cor de laranja, que considero mais eficazes. Podemos comprar flores de calêndula em vaso, mas também muitos outros produtos diferentes com o seu conteúdo em farmácias e drogarias.

A calêndula é aplicada topicamente em feridas e úlceras difíceis de curar, mais frequentemente sob a forma de pomada. De acordo com o seu nome, ajuda muito bem nos casos de pequenos ferimentos e dores à volta das unhas. As suas pétalas cozidas em pomada também são muito boas para varizes, contusões, inchaços, feridas e pé de atleta. Nestes casos, a sua ação é semelhante à da arnica. A partir de toda a planta fresca, que deve ser um pouco martelada com um martelo de madeira para libertar a seiva, podemos fazer uma compressa para as varizes. Uma decocção forte de calêndula é um bom ingrediente para banhos de assento.

Uma boa propriedade da calêndula é que, na sua utilização tópica, suporta os seus efeitos também internamente, o que significa que um chá de calêndula deve ser bebido ao mesmo tempo. Pertence às melhores ervas medicinais utilizadas no tratamento de apoio e prevenção do cancro, pois tem um efeito anticarcinogénico comprovado. Acalma o sistema nervoso central, diminui a tensão arterial e melhora o funcionamento do coração. Também é bom para as mulheres, pois é benéfico nos casos de menstruação forte e duradoura. Devem beber-se duas chávenas de chá de calêndula por dia antes do início da menstruação. A flor de calêndula contém luteína, que protege a retina dos olhos. Fortalece as vistas cansadas em frente aos ecrãs de televisão e de computador, e na iluminação artificial, o que é particularmente valioso. Com tantas propriedades boas, a calêndula tem mais uma coisa. A sua utilização não tem efeitos secundários e pode ser utilizada a longo prazo.

Os antigos egípcios utilizavam a calêndula como agente rejuvenescedor. A flor de calêndula com vinho era provavelmente administrada já no século XVI nos casos de falta de menstruação. Os topos secos eram utilizados em salas de fumo em caso de epidemias e o sumo fresco em caso de dores de dentes. De acordo com os signos do zodíaco, a calêndula pertence ao signo de Leão.

Chá anticarcinogénico

Juntar uma parte de cada uma das flores de cavalinha e de mil-folhas a duas partes de flores de calêndula. Deitar 1/2 litro de água a ferver sobre duas colheres e deixar macerar tapado. Passar por um coador e beber três vezes por dia.

Pomada de calêndula
Corte quatro punhados de flores, no máximo frescas, em pedaços pequenos e coloque-os em 1/2 kg de banha derretida. Aqueça-a, misturando-a constantemente até ferver, depois deixe-a arrefecer e coloque-a no frigorífico durante pelo menos um dia. Em seguida, aqueça novamente, sem ferver, mas filtrando-o através de um tecido fino. Espremer bem e guardar em pequenos frascos num local frio.

19 Com um símbolo de recordações, esquecerás muitas doenças

Urze *Calluna vulgaris*

A urze tem belos sinos de flores cor-de-rosa violeta, que são muito apreciados pelas abelhas. Floresce em prados secos e soalheiros e em áreas florestais desbravadas apenas no final da estação das ervas e cria belas manchas coloridas na natureza - manchas de urze - visíveis a longa distância. Gosto de a recolher, não só para uso medicinal, mas também para um vaso seco, onde me recorda a estação passada no inverno. Quando recolho a urze, "passo-a" com os dedos encostados uns aos outros, colhendo as flores e poucas folhas, o que cria a melhor droga; mas normalmente também é possível comprá-la.

A urze tem muitas propriedades boas, por isso gosto de a adicionar a várias misturas de chá. Em particular nas que se destinam a tratar todas as dificuldades urológicas, onde, como meio de primeira classe, ajuda nos casos de inflamações dos rins, da bexiga e do sistema urinário, e também liberta e dissolve lentamente as pedras do sistema urinário. A urze é uma das poucas plantas que ajuda nos casos da chamada "dor de corte", a desagradável paragem da micção causada pela inflamação. Com as suas propriedades diuréticas, é benéfica nos casos de reumatismo, gota e vários inchaços. O chá de urze ajuda a eliminar os produtos do metabolismo, mesmo quando estes se começam a depositar nas articulações. O seu outro efeito positivo é a acalmia do sistema nervoso, a melhoria do sono e a promoção da transpiração, que pode ser utilizada em casos de gripe.

Também foi comprovado em pessoas cujas pernas tendem a inchar após esforço físico ou viagens longas.

A urze é utilizada sobretudo a nível interno, mas os seus bons efeitos de desinfeção e de contração também podem ser utilizados topicamente para lavar feridas e remover as impurezas da pele.

O chá de urze tem um sabor agradável e pode ser utilizado como um chá delicioso, não tendo quaisquer efeitos desfavoráveis, mesmo após uma utilização prolongada. Também podemos bebê-lo numa quantidade maior, 3/4 - 1 litro por dia, o que é benéfico para a purificação dos órgãos urinários; doses mais elevadas, no entanto, não têm um efeito mais forte, muito pelo contrário.

Antigamente, as vassouras pequenas eram feitas de urze, que foi transferida para o seu nome latino, derivado da palavra grega kallynó - varrer. Era muito popular entre os antigos eslavos, que lhe deram o nome do oitavo mês, quando floresce - vreseň.

Mistura de chá contra as proteínas da urina

Misturar duas partes de cada um dos topos de urze e de goldenrod, adicionar uma parte de cada um dos topos de bolsa-de-pastor e de salva. Deitar 1/2 litro de água a ferver sobre duas colheres da mistura e deixar em infusão tapada. Beber duas vezes por dia, em metades da quantidade, entre as refeições.

Chá de urze

Encher uma garrafa escura adequada com topos de urze recém-cortados e verter sobre azeite virgem ou óleo de girassol. Deixar macerar durante 2 a 3 semanas, virando-a de cabeça para baixo diariamente. Filtrar e utilizar para tratar a pele seca do rosto e várias lesões cutâneas.

20 Uma bolsa milagrosa, não só para os pastores

Bolsa de pastor *Capsella bursa pastoris*

Gosto de colher esta erva com um nome bonito, uma vez que a podemos encontrar como uma erva daninha comum em quase todo o lado - nos prados, nas estradas, nos escombros e à volta das casas. Não se distingue por nenhuma beleza, mas até as suas pequenas flores brancas aparecem na nossa natureza desde a primavera até ao outono, e podemos apanhá-la durante todo esse tempo. Eu gosto mais de apanhar os seus topos floridos quando só
começa a crescer cápsulas; então é mais eficaz. Quem não tiver tempo ou apetência para a sua recolha pode comprar o medicamento.

O milagre escondido na pequena bolsa é a sua extraordinária capacidade de estancar hemorragias de qualquer tipo, externas ou internas. Sem a bolsa do pastor, nenhum dos meus chás para parar a hemorragia de uma mulher seria eficaz. Mas a bolsa também tem uma série de outros bons efeitos curativos. Dissolve os depósitos de cálcio nos vasos sanguíneos, pelo que é benéfica nos casos de doenças do coração e da circulação sanguínea. Tal como o alho ou o visco, controla a tensão arterial - o que significa que diminui a tensão alta e aumenta a baixa. A bolsa de pastor actua significativamente na eliminação da areia da urina, influencia beneficamente o fígado e o baço, ajuda a tratar a menstruação irregular. Pertence aos medicamentos mais eficazes contra a arteriosclerose e actua preventivamente contra um ataque cardíaco e a esclerose.

Uma decocção forte da parte superior da bolsa de pastor é utilizada para banhos de assento nos casos de hemorróidas, para lavar erupções cutâneas e herpes labial. Em caso de hemorragia nasal, introduz-se na narina uma compressa embebida em seiva fresca de bolsa-de-pastor ou numa decocção muito forte. O sumo fresco também é pingado no ouvido quando este está inflamado. Podemos usar os topos frescos esmagados como penso para tratar as veias varicosas.

A bolsa-de-pastor pertence às ervas de ação forte. Utilizamo-lo internamente apenas durante um curto período de tempo em momentos de necessidade e respeitamos as doses prescritas, uma vez que, numa concentração forte, actua de forma oposta e pode induzir perturbações no sistema nervoso. É preferível combiná-la com outras ervas de ação semelhante.

A bolsa de pastor tem flores muito pequenas, pelo que só raramente é visitada por insectos. Por isso, teve de se adaptar à polinização com o seu próprio pólen. O nome latino da bolsa de pastor - bursa pastoris - tem origem no facto de os seus frutos triangulares se assemelharem a sacos de velhos pastores.

Bolsa de pastor para estancar hemorragias
Ao espremer, obtém-se seiva fresca de bolsa-de-pastor, à qual se adiciona um pouco de mel quente. Tomar 2 - 3 colheres no decurso de 1 - 2 horas. Também se pode pingar a seiva pura no nariz.

Mistura de chá contra pedras nos rins
Juntar uma parte de cada um dos ramos da erva-doce, da raiz de restharrow e da raiz de dente-de-leão a duas partes de ramos de bolsa-de-pastor. Colocar duas colheres da mistura em 1/2 litro de água e deixar repousar durante duas horas. Em seguida, aquecer lentamente, ferver brevemente e deixar em repouso, tapado, para cozer. Passar por um coador, juntar o sumo de meio limão e beber durante 3 a 4 semanas, interrompendo depois o tratamento por igual período.

21 Bílis da terra para cada vesícula biliar

Centauro comum *Centaurium erythraea*

Lembro-me do centauro desde os tempos da minha infância; nessa altura, as avós vendiam-no no mercado e, ocasionalmente, tomávamo-lo em casa como remédio para o estômago. É uma erva muito bonita, que, nos locais de maior ocorrência, colorirá toda a paisagem. Nos últimos anos, tem-se tornado mais rara e receio o seu futuro. Para a salvar, corto apenas a parte superior do topo florido, o que não destrói a planta e, normalmente, volta a florir. O centauro comum também é cultivado para fins medicinais e é mais conveniente comprá-lo como medicamento numa farmácia.

O centauro comum é outra planta incrivelmente amarga, o que também é levado em consideração no seu nome. É portanto utilizada nomeadamente para tratar todos os órgãos de indigestão. Por
Irritando as papilas gustativas, melhora o sabor dos alimentos que já se encontram na boca. Elimina a azia e os arrotos, regula a produção de ácido gástrico e trata as dores de estômago. Também tem um efeito benéfico no fígado, na bexiga, no duodeno e no pâncreas, e melhora o metabolismo. Apoia a produção de glóbulos brancos e regula a menstruação irregular; também é bom nos casos de diabetes, epilepsia e enfraquecimento da visão. Apoia as próprias capacidades defensivas do organismo, pelo que pode ser administrado também em casos de temperaturas elevadas e doenças infecciosas.

Quando utilizado topicamente, o centauro tem um efeito cicatrizante. Aceleramos a cicatrização de feridas com uma forte decocção, seiva fresca ou aplicando um medicamento triturado. Também bebemos o chá de centaury.

O centauro comum é uma planta forte, que podemos utilizar em doses normais sem efeitos secundários também individualmente, ou apenas durante alguns dias, e depois deve ser feito um travão mais longo.

O centauro comum é uma antiga erva mágica. De acordo com um mito grego, o centauro Cheiron - uma criatura com uma parte do corpo humana à frente e uma parte do corpo do cavalo atrás - tratou-se com ela, o que foi transferido para o seu nome latino. Devido ao seu sabor amargo, Plínio deu-lhe o nome de "felterrae" - bílis da terra.

Licor de estômago

Adicionar duas colheres de chá de raiz de sweet flag, topos de absinto, frutos de mirtilo esmagados e 20 cravos-da-índia a cinco colheres de topos de centaury comum. Verter sobre 1 litro de vodka e deixar macerar durante 3 a 4 semanas, agitando ocasionalmente. Em seguida, aquecer ligeiramente, verter através de um coador e aromatizar com mel dissolvido. Beber em pequenos copos como aperitivo.

Mistura de chá para aumentar a produção de glóbulos brancos

Misture duas partes iguais de centaury, urtiga e urze e raiz de coneflower. Colocar duas colheres da mistura em 1/2 litro de água fria, aquecer lentamente quando começar a ferver, reservar e deixar em infusão durante 15 minutos. Beber de manhã e à noite, em metade da quantidade, durante 10 a 14 dias.

Chá geriátrico
Preparamos este chá, que fortalece sobretudo as pessoas mais velhas, a partir de partes iguais de centaury, ervilhaca dos rins e topos de urze. Deita-se 1/2 litro de água a ferver sobre duas colheres da mistura e deixa-se cozer tapado. Beber 3 vezes por dia, mas apenas durante vários dias, interrompendo depois o uso por igual período.

22 A beleza e o sucesso estão escondidos num fígado saudável

Chicória comum *Cichorium intybus*

Quando as plantas de chicória começam a florir no alto verão, é como se espalhássemos belos ramos azuis nos prados e ao longo das estradas. Esta beleza floral acompanha-me até ao fim do outono. Um homem não acreditaria que se trata, de facto, de uma erva daninha omnipresente. Provavelmente, a chicória está consciente da sua beleza, pelo que a protege cuidadosamente. Mesmo que a ponha imediatamente na água depois de a ter colhido, ela murcha rapidamente, pelo que só a posso admirar no seu lugar original.

A chicória é fabricada, nomeadamente, a partir da sua raiz, a partir da qual se fabrica há muito tempo um substituto do café - a chicória. Ainda é vendido no atual; tem um sabor muito semelhante ao do café genuíno, pelo que recomendo vivamente o seu consumo. A raiz, no entanto, é difícil de
por isso, abasteço-me deste medicamento numa farmácia. Só ocasionalmente apanho as próprias cabeças das flores, que têm efeitos ligeiramente mais fracos do que a raiz. Recomenda-se a utilização de folhas jovens frescas em saladas cruas.

A principal aplicação terapêutica da chicória é a sua boa ação nas doenças do fígado e da vesícula biliar; desde a antiguidade que é utilizada para aliviar a dor nos casos de cálculos biliares. É ligeiramente diurética e ligeiramente laxante, ao mesmo tempo que drena o excesso de fel do organismo e actua como antídoto nos casos de envenenamento do fígado. Melhora o apetite, apoia o funcionamento de todo o sistema de indigestão e é recomendado para pessoas que têm um estômago sensível ou sofrem de úlceras estomacais. O chá de chicória é um excelente meio contra o cansaço da primavera.

Utiliza-se uma forte decocção da flor para lavar os olhos e fazer pensos nos casos de inflamações e para aliviar a formação de rugas. A seiva fresca da raiz de chicória é esfregada na pele do couro cabeludo para apoiar o crescimento do cabelo.

A chicória não é apenas bonita, mas também boa. Por isso, consideramos que é completamente inofensiva e podemos utilizá-la, nas doses habituais, também separadamente e durante muito tempo.

No Antigo Egito, a chicória era utilizada como salada. As suas flores eram consideradas como um medicamento quase universal. De acordo com a magia oriental, era também uma erva mágica - aqueles que aplicavam a sua seiva, misturada com óleo, na pele, adquiriam beleza e popularidade e tinham sucesso em tudo.

Mistura de fígado

Misturar partes iguais de chicória esmagada, espinheiro e raiz de dente-de-leão. Colocar duas colheres da mistura em 1/2 litro de água fria, levar à ebulição, ferver durante um curto período de tempo e deixar em infusão, tapada, durante 15 minutos. Passar por um coador e beber duas vezes por dia.

Chá da vesícula biliar

Misturar duas partes iguais de raiz de chicória, de folhas de agrimónia e de folhas de linho. Colocar duas colheres da mistura em 1/2 de água, deixar ferver lentamente, reservar e deixar em infusão, tapado, durante 20 minutos. Passar por um coador, juntar uma colher de tintura de celandine e beber em partes meia hora antes das refeições principais.

Vestir-se contra as rugas
Colocar duas colheres de raiz de chicória esmagada e duas colheres de flores de chicória em 1/4 de litro de água fria. Deixar macerar durante 1 a 2 horas, aquecer lentamente em lume brando até atingir o ponto de ebulição e deixar ferver lentamente durante 15 minutos. Depois de reservar, deixar coberto para fermentar e passar por um coador. Aplicar uma compressa morna no rosto, deixar atuar durante 15 a 20 minutos. Repetir várias vezes.

23 Um pó milagroso para fazer crescer um novo corpo

Cardo de São Bento *Cnicus benedictus*

Inicialmente, não gostei desta erva. Tem um aspeto pouco amigável e está cheia de espinhos. Mas quando a conheci mais de perto, descobri que não era assim tão má. Recolho as folhas mesmo com as mãos nuas; uso luvas apenas para as flores espinhosas. Ao secá-las, é preciso ter cuidado para não inalar o pó da droga, pois a pequena penugem irrita as mucosas do nariz e da boca.

O cardo de S. Bento é originário do sul da Europa. Não cresce em estado selvagem na Eslováquia, pelo que tem de ser cultivado para fins medicinais. Tenho-o sempre no meu canteiro de flores, mas também pode ser comprado normalmente numa farmácia.

O cardo de S. Bento tem um forte efeito antibacteriano, antivírus e anticarcinogénico, pelo que é considerado um dos medicamentos de apoio mais eficazes no tratamento do cancro. Já os herboristas medievais utilizavam o cardo de S. Bento em pó e deitavam-no sobre os tumores cancerígenos ou aplicavam pensos com a seiva fresca. Podemos utilizá-lo ainda hoje, por exemplo, após operações.

A segunda excelente aplicação medicinal do cardo de S. Bento é o seu efeito benéfico no sistema digestivo. Trata de forma excelente as perturbações de indigestão, o inchaço, as úlceras do estômago e do duodeno, e favorece o apetite. Também fortalece o coração, os nervos e todo o organismo. Apoia a eliminação do ácido úrico do corpo, o que é benéfico nos casos de gota e reumatismo. A utilização do cardo de S.

Bento é adequada nos casos de reconvalescença e de perturbações do metabolismo.

Utilizamos o cardo de S. Bento com cuidado, uma vez que, em caso de sobredosagem, pode provocar náuseas e vómitos. Não é recomendado em casos de doenças renais e durante a gravidez. Mas em doses adequadas e mais pequenas, o cardo de S. Bento é adequado para ser utilizado em pediatria e geriatria, ou seja, tanto para crianças como para idosos.

Na Idade Média, o cardo de S. Bento era o medicamento mais eficaz contra as epidemias de peste e recebeu o nome popular de "cardo abençoado", que foi transferido, por exemplo, para os nomes latinos e ingleses. A partir deste cardo era produzido um licor amargo - Benedictine - graças ao qual ganhou grande popularidade.

Chá anticarcinogénico
Misturar partes iguais de cardo de S. Bento, salva, cravos e violetas e flores de calêndula. Adicionar uma colher de tintura de celandine ao chá preparado da forma habitual. Beber de forma preventiva, mas sobretudo imediatamente após os primeiros sinais da doença.

Vestir-se contra o cancro da mama
Colocar cinco colheres de cardo de S. Bento em 1/4 de água e ferver brevemente em lume brando. Deixar coberto para arrefecer até uma temperatura aceitável. Colocar a droga vegetal entre pedaços de tecido, fixar no peito, fazer uma ligadura e deixar atuar durante pelo menos uma hora. Ao mesmo tempo, beber uma das tisanas anticarcinogénicas.

24 Não perderás sangue, se encontrares a erva-dos-cavalos

Erva-dos-cavalos *Conyza canadensis*

Quando me deparei pela primeira vez com a cavalinha, enquanto aprendia a conhecer as ervas medicinais, não queria acreditar que se tratava daquela erva daninha omnipresente e pouco atraente. A cavalinha tem folhas estreitas e fracas, que voam depois da floração, como o dente-de-leão. Embora apareça em quase todo o lado, poucas pessoas a conhecem e ainda menos utilizam as suas excelentes propriedades medicinais. A erva-dos-cavalos nem sequer é vendida nas farmácias. Eu colho-a regularmente; apanho toda a parte superior da copa quando começa a florir.

Não consigo imaginar nenhum medicamento à base de plantas utilizado para parar uma hemorragia sem a erva-cidreira. Não importa se se trata de uma hemorragia dos pulmões, do estômago, do nariz, das gengivas, de uma ferida aberta, de hemorróidas ou de hemorragias internas ou femininas. O chá de cavalinha é capaz de parar cada uma delas com relativa rapidez. Juntamente com a bolsa-de-pastor, é também um componente básico do meu chá popular para parar uma hemorragia feminina. Poderia mencionar vários casos específicos em que este chá ajudou a evitar uma intervenção ginecológica desagradável. Para além de parar a hemorragia, a cavalinha tem também outros efeitos positivos. Apoia a produção de glóbulos brancos, o que é raro entre as ervas. O chá de cavalinha regula o metabolismo e apoia a eliminação de substâncias nocivas do organismo. É ligeiramente diurético, o que é benéfico nos casos de gota e reumatismo.

A cavalinha também encontra boas aplicações tópicas. Os pensos moles ajudam nos casos de inflamações das articulações, inchaços, nódoas negras e outras dores.

Por muito discreta que seja, a erva é também completamente inofensiva e podemos beber chá dela sem preocupações, também de forma independente. No entanto, dada a sua principal aplicação, utilizamo-lo sobretudo durante vários dias em alturas de necessidade.

A erva-dos-cavalos já era utilizada para fins terapêuticos pelos índios americanos. É difícil acreditar que só tenha aparecido na Europa em 1653, quando foi trazida do Canadá para França com peles de castor. A partir daí, as suas sementes voadoras espalharam-se por toda a Europa e uma grande parte da Ásia.

Mistura de chá para parar a hemorragia das mulheres

Preparamo-la a partir de partes iguais de erva-dos-cavalos, bolsa de pastor, cavalinha e erva-dos-nós. Deita-se 1/2 litro de água a ferver sobre duas colheres da mistura e deixa-se cozer tapado. Passar por um coador, juntar uma colher de tintura de visco, colocar num frasco de vácuo e beber o chá morno em pequenas doses, no máximo um decilitro, durante todo o dia. Uma dose grande pode atuar de forma oposta.

Molho indiano
Cortar em pequenos pedaços ou moer uma droga fresca ou seca de cavalinha cozida a vapor. Adicionar um pouco de azeite, farinha de arraia e tintura de arnica. Misturar, colocar uma camada mais espessa em gaze e aplicar no local dorido. Deixar atuar durante mais tempo, no máximo durante a noite. Repetir durante 5 a 7 dias.

25 O coração não pode estar doente, quando o espinheiro cresce à volta

Espinheiro-alvar *Crataegus laevigata*

Quando os espinheiros-alvar florescem na primavera, é como se a natureza vestisse as noivas com vestidos de noiva. As flores ricas e espessas, brancas como a neve, estremecem com o zumbido das abelhas e parece que o arbusto nem sequer tem folhas. A única desvantagem desta beleza é um cheiro forte e pouco desagradável. Recolho as flores do espinheiro-alvar imediatamente quando a planta começa a florir. Para além delas, podemos utilizar os frutos e as folhas jovens para fins medicinais, mas os seus efeitos são mais fracos na ordem mencionada. Um espinheiro comum aparentado tem propriedades quase iguais e por vezes é difícil distingui-los. Embora as flores do espinheiro-alvar e, por vezes, a tintura, possam ser compradas numa farmácia, são feitas várias preparações medicinais a partir dele.

O Midland hawthorn é um dos medicamentos mais frequentemente utilizados na minha prática herbalista, porque é praticamente uma bênção para um coração doente. Fortalece o músculo cardíaco e aumenta a sua circulação sanguínea, acalma e estimula a função cardíaca e elimina a palpitação e a arritmia. Alarga as veias coronárias do coração e actua de forma benéfica nos casos de angina de peito. A sua utilização é muito adequada para o tratamento das consequências de ataques cardíacos e para a prevenção de doenças cardíacas. Estes efeitos são visíveis em todo o organismo e permitem levar maiores quantidades de oxigénio e de nutrientes a todos os órgãos do corpo. Actua de forma anti-esclerótica e melhora a circulação sanguínea no cérebro. Para além do seu efeito direto no coração, também ajuda a tratar doenças associadas - regula a pressão sanguínea, especialmente quando é elevada, remove a incrustação de cálcio nas veias, melhorando assim a circulação sanguínea. Está também provado que ajuda a tratar dificuldades na menopausa. Também é adequado para a geriatria. Quando começamos a administrar midland hawthorn durante as primeiras dificuldades com o coração, a condição não irá certamente piorar e o problema será frequentemente eliminado. A utilização mais prática do midland hawthorn é sob a forma de tintura. Assim, temos o nosso medicamento à mão e a tintura também pode ser utilizada topicamente nos casos de inflamações musculares, reumáticas e outras dores. O espinheiro-alvar é também utilizado como calmante. As pessoas que muitas vezes não conseguem adormecer devem beber uma chávena de midland hawthorn com mel à noite. Também ajuda nos casos de fadiga geral, de sentimentos de ansiedade e de nervosismo.

É importante saber que a ação do chá de pilriteiro é muito lenta. Os seus efeitos só se manifestam após várias semanas, por vezes mesmo meses; deve, por conseguinte, ser utilizado diariamente sem interrupção. No entanto, depois disso, os efeitos são surpreendentemente bons e duradouros. O chá e a tintura são inofensivos em doses normais, pelo que a sua utilização a longo prazo é possível sem preocupações. Após uma consulta profissional, podemos normalmente utilizá-los mesmo que tomemos comprimidos.

O espinheiro-alvar tem uma madeira e espinhos excecionalmente duros, que eram utilizados como arma no passado. Daí o seu nome grego krataigos - forte -. Na Alemanha, o espinheiro-alvar recebeu o nome de "pão do coração", porque é um alimento tão importante para o coração como o pão é para o homem.

Macerado de aguardente de espinheiro-alvar do Midland

Amassar ou esmagar os frutos do espinheiro. Deitar cerca de 20 % de álcool e deixar macerar durante 3 a 4 semanas, agitando de vez em quando. Verter através de um coador para uma garrafa e tomar em colheradas duas vezes por dia.

Tintura de espinheiro-alvar

Cortar a droga floral fresca em pequenos pedaços, verter ligeiramente para um frasco adequado com uma boa tampa e encher com uma bebida espirituosa ou alcoólica mais forte até ao topo. Deixar macerar durante 2 a 3 semanas; agitar de vez em quando. Verter através de um coador ou filtro e tomar 20 gotas, às quais pode adicionar 5 gotas de tintura de arnica, num copo de água três vezes por dia.

Mistura de chá contra a tensão arterial elevada
Juntar uma parte de cada um dos topos de cavalinha e de goldenrod e das folhas de visco a duas partes de flores de espinheiro-alvar. Deite 1/2 litro de água a ferver sobre duas colheres da mistura e deixe-a coberta para infundir. Esmague um dente de alho de tamanho médio num chá quente e deixe-o ficar. Deite-o num coador e beba-o morno, de manhã e à noite.

26 Um homem sábio não deita fora a erva daninha que não é feia

Erva-doce *Elymus repens*

A erva-dos-sofás é uma das piores ervas daninhas. O seu aspeto é pouco atrativo, parece relva vulgar, com pontas e flores em miniatura, quase imperceptíveis. Distingo-o de outros tipos de erva semelhantes de forma fiável quando retiro a sua raiz, por vezes com vários metros de comprimento, que torna a vida dos jardineiros muito desagradável. A recolha é exigente, por isso muitas vezes recolho também todo o topo florido, que tem efeitos medicinais apenas ligeiramente mais fracos e a sua recolha é confortável. Mas é preciso evitar locais movimentados e poluídos, onde a erva-doce gosta mais de crescer. Também se pode comprar o medicamento numa farmácia. Apesar de não gostar muito de erva-dos-prados, tive de a incluir entre as minhas ervas devido aos seus excelentes efeitos medicinais.

Uma substância importante contida na erva-doce é o inositol, uma das vitaminas do grupo B, também chamada B_8. A sua deficiência pode causar perda de cabelo e inchaço nos olhos. O inositol melhora o metabolismo nas células e diminui o nível de colesterol no sangue. A principal aplicação da erva-doce na medicina popular deve-se à sua considerável propriedade diurética. Este facto predestina-a para o tratamento da gota, reumatismo, inflamação da bexiga, areia e pedras no sistema urinário e outras doenças do sistema urinário. Juntamente com a urina, a erva-de-são-joão também ajuda a eliminar o sal do corpo, o que é uma propriedade preciosa para a alimentação "demasiado salgada" dos nossos dias. Purga bem o sangue; por isso, é também adequada para tratar várias doenças de pele. Também acelera a reconvalescença após tratamento com antibióticos e outros medicamentos fortes.

A erva-dos-prados tem também mais uma propriedade bonita - tolera bem outras ervas, pelo que é adequada para misturas de ervas. E não tem quaisquer efeitos secundários, mesmo após uma utilização prolongada.

A erva-doce era conhecida como planta medicinal já na antiguidade. Mas só começou a ser utilizada na Europa no século XVI. Nas superstições populares, era uma erva mágica. Segundo essas superstições, a erva-dos-prados, cortada finamente, deve ser usada num pequeno saco ao pescoço; diz-se que elimina as depressões e melhora o sono.

Mistura de chá a utilizar depois de medicamentos fortes
Para a regeneração do organismo após o fim do tratamento com antibióticos ou com outros medicamentos fortes, preparar um chá a partir de duas partes de raiz de erva-dos-prados finamente moída, à qual se junta uma parte de cada um dos topos de cavalinha e absinto e flores de erva-de-são-joão. Colocar duas colheres da mistura em 1/2 litro de água, aquecer lentamente até ao ponto de ebulição, deixar em infusão tapada e beber, em jejum, três vezes por dia.

Chá para purgar o sangue
Juntar uma parte de cada uma das folhas de fumeiro, urtiga e violeta a duas partes de cada uma das folhas de erva-doce e raiz de dente-de-leão. Preparar o chá como na receita anterior. Beber durante 10 a 14 dias.

27 O último êxito será certamente um sucesso

Salgueiro-das-flores-pequenas *Epilobium parviflorum*

Quando procurei esta erva em livros mais antigos sobre ervas medicinais, não constava sequer de um único, porque até agora não foi contada como tal. Nos últimos anos, foram confirmados os seus excelentes efeitos medicinais, em particular no tratamento da próstata, pelo que tive o prazer de o incluir também entre as minhas ervas. De entre os vários tipos de salgueiros que crescem na natureza, de acordo com o seu nome, colho para uso medicinal aquele que tem as flores mais pequenas. Aparece em prados, clareiras de florestas e clareiras de florestas, às vezes cresce até se tornar uma planta bastante bonita. Recolho todo o seu topo florido ou apenas a parte superior de pedaços maiores, imediatamente após o aparecimento das primeiras flores; é então que o medicamento é mais eficaz. A erva de salgueiro de flor pequena adquiriu uma popularidade tal que já é vendida nas lojas.

De entre as várias ervas que ajudam nos casos de doenças do sistema urinário, considero que a erva de salgueiro de flor pequena é a melhor. Foi comprovado em particular nos homens que têm dificuldades com a próstata. Durante os primeiros sintomas da doença, devem começar imediatamente a beber o chá de salgueiro-pequeno e não esperar até que a doença se manifeste mais fortemente. Mas a erva de salgueiro tem um efeito benéfico não só na próstata, mas também em todos os órgãos urinários, pelo que também a adiciono a misturas de chá para tratar inflamações dos rins e da bexiga, cálculos urinários, dificuldades em urinar ou incontinência. Tem efeitos cicatrizantes e anti-inflamatórios gerais, pelo que podemos utilizá-la para apoiar o tratamento de várias doenças dos órgãos urinários, não só dos homens, mas também das mulheres. Com as suas propriedades diuréticas e capacidade de purgar o sangue, é também benéfico nos casos de tensão arterial elevada e em todas as doenças do coração e da pele.

Não foram encontrados efeitos secundários na utilização da erva de salgueiro de flor pequena. Também se pode beber o chá separadamente e durante muito tempo.

O salgueiro-pequeno é muitas vezes chamado de "planta do fogo", porque é a primeira a surgir em áreas queimadas e em locais com modificações do terreno. Como erva medicinal, apareceu em herbários já no século XVI, mas foi esquecida mais tarde. Os seus excelentes efeitos sobre a próstata só recentemente foram testados e promovidos pela herborista austríaca Maria Treben.

Chá de salgueiro-das-flores-pequenas
Deitar 1/2 de água a ferver sobre duas colheres de salgueiro-das-flores-pequenas e deixar arrefecer, tapado, até à temperatura de consumo. Passar por um coador e beber em metades da quantidade, de manhã e à noite.

Mistura de chá para tratar a próstata
Juntar uma parte de goldenrod e de urze a três partes de salgueiro de flor pequena. Deitar 3/4 de litro de água a ferver sobre três colheres da mistura e deixar em infusão tapada. Beber esta dose diária em partes, em jejum, pelo menos uma hora antes das refeições principais.

Mistura de chá para tratar a psoríase
Misturar duas partes iguais de salgueiro-pequeno, de speedwell, de urtiga e de fumitório. Deitar 1/2 de água sobre duas colheres da mistura e deixar em infusão tapada. Beber o chá duas vezes por dia durante mais tempo. Tratar os locais afectados topicamente com pomada de speedwell.

28 É necessária uma vassoura de rabo de cavalo para as grandes limpezas

Cavalinha comum *Equisetum arvense*

Já durante os primeiros passeios primaveris para ver ervas, imediatamente após o desaparecimento da neve, em locais húmidos à volta de riachos e valas, aparecem os caraterísticos caules segmentados de cavalinha. Já nessa altura me lembro do local onde crescem bem e densamente; mais tarde vou lá para as recolher. É porque não se recolhe cavalinha antes de maio, quando a pequena planta começa a ramificar-se e a adquirir a forma de uma pequena árvore conífera. Depois, podemos recolher a parte aérea até meados do verão, mas não mais tarde. Esta pequena planta, muito importante num kit de primeiros socorros à base de plantas, também pode ser comprada, por isso não há problema em obtê-la.

O maior valor medicinal da cavalinha reside nas suas fortes propriedades diuréticas e na capacidade de dissolver pedras e areia no sistema urinário. Purga perfeitamente o sangue, o sistema vascular e todo o organismo, o que pode ser comparado a uma grande limpeza. Assim, a cavalinha previne a arteriosclerose, melhora a circulação sanguínea e o funcionamento do coração, diminui a tensão arterial, desbloqueia a micção e ajuda nos casos de gota, reumatismo e artrite. Tem um elevado teor de silício e outros minerais, graças aos quais reforça o sistema imunitário e actua como prevenção de doenças cardiovasculares. Outra aplicação menos importante da cavalinha é a sua excelente capacidade de estancar hemorragias. Juntamente com a cavalinha e a bolsa de pastor, está entre as melhores ervas medicinais do seu género. Ajuda a parar todos os tipos de hemorragias externas e internas. Quando sangrar do nariz, podemos colocar um ramo de cavalinha esmagado diretamente na narina.

Os efeitos desinfectantes significativos da cavalinha são utilizados topicamente para lavar o eczema. Também podemos utilizá-la como penso para feridas, que depois cicatrizam sem cicatrizes, e para tratar pequenas úlceras e aftas na boca.

Utilizamos a cavalinha apenas durante sete a dez dias e temos o cuidado de não exagerar na dose, uma vez que também pode ter alguns efeitos secundários desfavoráveis.

A estranha forma do rabo de cavalo evoca a imaginação das plantas da era paleozóica. Nessa altura, essas plantas atingiram grandes dimensões. Mais tarde, como resultado de processos geológicos, encontraram-se no fundo do mar. Atualmente, encontramos antecessores da cavalinha sob a forma de espessas camadas de turfa com efeitos medicinais, que são frequentemente utilizadas, em particular em França.
Mistura de chá para tratar a gota
Misturar partes iguais de cavalinha e de folhas de bétula. Verter 3/4 de litro de água a ferver sobre três colheres da mistura e deixar em infusão tapada. Verter através de um coador e beber três vezes por dia, em terços da quantidade. Interromper o tratamento ao fim de um mês por igual período.

Mistura de chá para prevenir a arteriosclerose
Juntar meia parte de rue tops a partes iguais de horsetail, speedwell e shepherd's purse tops. Deitar 1/2 de água a ferver sobre duas colheres da mistura e deixar em infusão tapada. Passar por um coador e beber de manhã e à noite.

29 Não chore os olhos, procure a erva-dos-olhos

Erva-dos-olhos *Eufrásia rostkoviana*

Esta erva daninha frequente dos prados e pastagens só floresce no final do verão, pelo que pertence às últimas ervas floridas da estação. Gosta de crescer em coberturas ricas e, com as suas pequenas flores brancas, é capaz de alegrar o ambiente até ao fim do outono. Levo sempre uma tesoura para apanhar os topos porque as raízes são muito fáceis de arrancar e a plantinha fica destruída por isso. Em casa, corto-a imediatamente e seco-a cuidadosamente. O medicamento eyebright também é vendido ocasionalmente nas farmácias.

Como o seu nome sugere, a sobrancelha é uma planta dos nossos olhos. É capaz de ajudar muito bem nos casos de todas as doenças oculares, enquanto é utilizada não só topicamente, mas também internamente. Usamos uma forte decocção de sobrancelha topicamente para lavar os olhos ou aplicamos pensos. Ajuda nos casos de conjuntivite, lacrimejamento dos olhos, chiqueiro, vermelhidão, irritação e tensão ocular. Também é adequado para o tratamento final de condições pós-cirúrgicas e para a regeneração e fortalecimento dos olhos.

Com cada utilização tópica da sobrancelha, apoiamos os seus efeitos também internamente, bebendo chá de sobrancelha. Também tem um efeito benéfico no estômago, uma vez que a sobrancelha pertence a ervas raras que diminuem a acidez do estômago, pelo que actua preventivamente contra a formação de úlceras. Um macerado de vinho de sobrancelha é uma boa prevenção e um meio para melhorar a visão, em particular nos casos de pessoas idosas. Podemos moer um medicamento seco para a visão numa picadora de carne e tomar meia colher num copo de água, duas vezes por semana.

A Eyebright é uma erva boa, fiável e completamente inofensiva. Em doses normais, também a podemos beber durante muito tempo, não só nos casos de doenças oculares, mas também como um chá de ervas saudável.

A erva-oliva é uma planta semi-parasita. As suas raízes "roubam" nutrientes das raízes de outras plantas. O valor medicinal da sobrancelha era conhecido desde a antiguidade, o que também é comprovado pelo seu nome grego euphrasia - alegria - que sempre esteve ligado a esta erva por melhorar a visão.

Mistura de chá para fortalecer os olhos
Junte uma parte de cada uma das folhas de mirtilo e das flores de camomila a três partes de folhas de erva-cidreira. Deitar 1/2 litro de água a ferver sobre duas colheres de água e deixar em infusão tapado. Verter através de um coador e beber três vezes por dia. Pode utilizar a mistura também topicamente; nesse caso, deve duplicar as doses do medicamento.

Penso para tratar uma catarata
Adicionar uma parte de cada uma das flores de camomila e dos frutos de funcho esmagados a duas partes de folhas de sobrancelha. Ferver brevemente duas colheres da mistura em 1/4 de litro de água e deixar coberto para arrefecer até à temperatura do corpo. Adicionar duas colheres de tintura de arnica e fazer uma compressa, na qual também se colocam partes de plantas. Juntamente com isso, beba um dos chás para fortalecer os olhos

30 Feno do Mediterrâneo para bebés e mães que amamentam

Funcho *Foeniculum vulgare*

O funcho é originário do Mediterrâneo; só é cultivado na Eslováquia, mas vejo-o em muitos jardins. Uma vez que não se distingue pela sua beleza, a razão para o cultivar é apenas o seu excelente sabor e propriedades medicinais. Pode ser comprada como especiaria numa loja de produtos alimentares e como planta medicinal numa farmácia. O sabor agradável e o gosto único do funcho permitiram a sua ampla utilização industrial - em cosméticos, na produção de sabão, na produção de licores, bem como na confeitaria. O funcho dá aos apicultores um mel particularmente saboroso. As folhas frescas de funcho têm um sabor forte e são adequadas, em especial, para acompanhar peixe, mas também podem ser adicionadas a sopas e saladas.

Embora o funcho seja um ingrediente frequente dos nossos chás produzidos industrialmente, para mim é insubstituível principalmente como medicamento para bebés e crianças pequenas. Estas sofrem frequentemente de inchaço e de dificuldades intestinais e o funcho é o medicamento mais comprovado também para estes problemas. Contém algumas substâncias semelhantes às hormonas da mulher. É recomendado para as mães que amamentam porque estimula a atividade das glândulas mamárias e os seus efeitos benéficos são também transferidos para o bebé através do leite. O funcho também tem outras propriedades benéficas - apoia o organismo em geral, facilita o curso da menstruação, é ligeiramente diurético e ajuda a libertar o muco, pelo que também é adicionado a misturas de chá para tratar os brônquios.

A decocção forte de frutos de funcho é utilizada topicamente para pensos em casos de conjuntivite e outras doenças oculares.

O funcho é inofensivo nas doses habituais, mas doses fortes ou uma utilização separada a longo prazo podem manifestar-se através da irritação dos rins e dos órgãos digestivos.

O funcho já aparecia nos papiros egípcios. Também era conhecido pelos antigos chineses e romanos; todos eles o utilizavam para tratar problemas oculares e também como especiaria. Desde os tempos antigos que se atribui ao funcho a capacidade de reduzir a sensação de fome. Os seus frutos eram mastigados pelos soldados da Roma Antiga quando não havia nada para comer, mas também pelos cristãos medievais na altura do jejum. A constelação de Virgem é a amiga celeste do funcho.

Chá para crianças contra o inchaço

Adicione uma parte de cada um dos topos de manjericão e hortelã-pimenta e flores de camomila a duas partes de fruto de funcho. Adicionar uma colher da mistura a 1/4 de litro de água a ferver e deixar em infusão tapada. Dê chá não adoçado às crianças para beberem durante duas horas em partes, num biberão para bebés. Ao mesmo tempo, fazer uma compressa morna de camomila para a barriga.

Água para olhos cansados

Misturar partes iguais de frutos de funcho moídos, de folhas de erva-cidreira e de flores de calêndula. Deite 1/2 litro de água a ferver sobre duas colheres da mistura e deixe-a tapada para arrefecer até à temperatura do corpo. Deitar através de um tecido fino e lavar os olhos após um esforço prolongado, leitura ou trabalho no computador.

31 O sabor mais delicioso de todos os medicamentos

Morango silvestre *Fragaria vesca*

Este fruto nobre pertence aos mais populares de todos. Os excelentes efeitos medicinais, escondidos em toda a pequena planta, juntam-se à sua bela forma e sabor. Os morangos são cultivados em grandes quantidades, mas devo salientar que apenas os morangos silvestres são utilizados para fins terapêuticos; todos os morangos de jardim, nesse aspeto, são apenas uma delícia vazia. Recolho as folhas de morango o mais cedo possível, já antes ou, o mais tardar, durante o início da sua floração. Nessa altura, ainda estão bonitas, verdes e frescas e cheias de ingredientes eficazes. O medicamento para as folhas também pode ser comprado numa farmácia e numa drogaria. Mas eu prefiro a minha própria coleção.

O chá de morango não é apenas agradável e delicioso, mas também particularmente saudável, embora não se concentre em nenhuma doença específica. O seu efeito é muito amplo, pelo que considero o morangueiro uma erva versátil e preventiva. O chá tem um efeito diurético, ajuda a dissolver areia e pedras nos órgãos urinários e sedimentos escleróticos nas veias, aumenta o metabolismo, purifica o sangue, controla o metabolismo, acalma e estimula o organismo em geral. Tem um sabor agradável e pode ser consumido separadamente, mas é ainda melhor em combinação com mirtilos, framboesas e amoras. Deve-se comer o maior número possível de frutos durante a estação. Existem os chamados dias do morango, que significam comer apenas morangos, que são capazes de regenerar todo o organismo, durante 1 a 3 dias. Também podemos utilizar os morangos da horta para esse efeito. Os frutos contêm uma quantidade substancial de vitaminas; purificam o sangue, ajudam a os casos de reumatismo e controlam a digestão e as fezes. Os organismos sensíveis de algumas pessoas reagem aos morangos com borbulhas e, nesse caso, só se pode utilizar o chá das folhas.

O morango é uma erva excelente e boa, que podemos utilizar de forma ilimitada. Recomendo o consumo de chá de morango, na melhor das hipóteses em combinação com outras ervas semelhantes, em vez de chá preto ou café, a todas as pessoas que queiram manter a sua saúde.

Os morangos eram colhidos desde a antiguidade como fruto florestal, mas também eram utilizados como medicamento. Devido ao seu sabor e beleza excepcionais, os morangos são, desde a Antiguidade, objeto de admiração. Foram também elogiados pelos poetas Ovídio e Virgílio. O famoso botânico Linné tratou com sucesso a gota com morangos.

Chá versátil e delicioso
Misturar partes iguais de cada uma das folhas de morango, de mirtilo e de framboesa e de roseira brava esmagada. Deite 1/2 litro de água a ferver sobre duas colheres da mistura e deixe-a coberta para infundir. Verter através de um coador e adicionar o sumo de meio limão, adoçar com mel ou açúcar mascavado natural, conforme o gosto. Utilize-o como chá diário; também o pode beber frio para matar a sede.

Máscara cosmética de morango
Espremer o sumo de morangos frescos, adicionar leite ou iogurte branco em cerca de 1/3 do volume e aplicar no rosto lavado, sem preparações cosméticas, depois de vaporizado, na melhor das hipóteses. Deixar atuar, depois lavar e tratar a pele da forma habitual.

32 O melhor agente de limpeza mesmo sem publicidade

Espinheiro-alvar *Frangula alnus*

O espinheiro-alvar está normalmente escondido na nossa natureza em coberturas mais densas de arbustos semelhantes, no meio das quais se perde frequentemente. Durante muito tempo, não tive a certeza de o estar a identificar bem, porque é muito semelhante ao espinheiro-alvar. Distinguimos o espinheiro-alvar por ter as bordas das folhas lisas e menos frutos dispersos, enquanto o espinheiro-comum tem folhas finamente dentadas e mais frutos localizados em cachos. Os frutos do espinheiro-alvar mudam de cor gradualmente de verde, passando pelo vermelho, até ao preto quando estão completamente maduros. Tudo isto é apenas um interesse teórico pelo amieiro, uma vez que não recolho a sua casca, mas compro-a numa farmácia. Isto porque o medicamento só é eficaz após um ano de armazenamento, que podemos encurtar aquecendo-o por um curto período a uma temperatura de cerca de 100°C. É recolhida de galhos finos ainda antes de as folhas brotarem, na melhor das hipóteses depois da chuva. Nessa altura, a casca está brilhante e a seiva, cheia de poder medicinal, flui nela.

Na prática herbalista, o espinheiro-alvar tem apenas uma aplicação importante. Tornou-se famoso como um dos melhores laxantes vegetais; também o podemos utilizar sozinho para eliminar a obstipação. O efeito manifesta-se normalmente após cerca de oito horas. Uma caraterística complementar do seu efeito é que também purga os órgãos internos, melhora o metabolismo, fortalece o movimento peristáltico do intestino grosso e a função dos intestinos, e purga o sangue. Este facto foi comprovado em geriatria. Por estas razões, adiciono-a a várias misturas de chá, em particular quando a obstipação é um sintoma acompanhante. É bem aplicado como ingrediente de chás para tratar doenças do fígado e da vesícula biliar, nos casos de várias borbulhas, e é um componente importante dos chás utilizados para perder peso.

O espinheiro-alvar é venenoso em doses maiores; há casos conhecidos de envenenamento de crianças pelos seus frutos, pelo que deve ser doseado com cuidado quando é utilizado sozinho. Pode provocar diarreias e vómitos. Também não é adequado para mulheres grávidas ou a amamentar.

Na natureza, o amieiro tem dois duplos. Um deles é o amieiro, sublinhado no seu nome latino alnus, e o segundo é o já referido espinheiro, com o qual é confundido mais frequentemente. Para que esse erro seja corrigido, a natureza deu ao amieiro quase as mesmas propriedades, para que nada aconteça em caso de confusão acidental.

Mistura de chá contra a obstipação crónica

Adicionar uma parte de cada um dos topos de goldenrod europeu e dos frutos de funcho a três partes de casca de espinheiro de amieiro esmagada. Colocar uma colher da mistura em 1/4 de litro de água à noite. Na manhã seguinte, levar à ebulição e deixar arrefecer tapado. Passar por um coador e beber, em jejum, metade da quantidade, de manhã e à noite, durante vários dias.

Mistura de chá para perder peso

Misturar partes iguais de casca de amieiro, frutos de abrunheiro esmagados, alcaçuz, bandeira doce e raiz de erva-dos-prados. Deitar duas colheres da mistura em água morna à noite e deixar macerar até de manhã. Em seguida, deixar ferver lentamente e deixar coberto para fermentar. Passar por um coador e beber três vezes por dia.

33 Se for para purgar o sangue, então com folhas de plantas fumadas

Fumitória comum *Fumaria officinalis*

O fumeiro comum é frequente na nossa natureza; cresce como uma erva daninha e é pouco conhecido devido à sua impercetibilidade. Também eu ignorei durante muito tempo o seu caule frágil com folhas prateadas e flores minúsculas. Só quando a encontrei num coberto verde denso e ricamente florido é que me apercebi de que se tratava de uma bela erva. Durante a colheita, é preciso ter cuidado com a forma das folhas e das flores, porque existem outros tipos semelhantes de fumeiro, que, no entanto, são muito menos eficazes. Durante a recolha, colho os topos totalmente floridos, porque este medicamento não é vendido nas farmácias. Corto-o imediatamente e seco-o cuidadosamente. O melhor é conservá-lo sob a forma de tintura.

Desde a antiguidade que o fumeiro é utilizado sobretudo para a purificação do sangue. Esta capacidade ajuda, em primeiro lugar, no tratamento de todas as doenças de pele - impurezas cutâneas, acne, borbulhas, eczema e psoríase. Tem um efeito positivo nos glóbulos vermelhos e na coagulação sanguínea, melhora a qualidade do sangue, diminui a tensão arterial e, de um modo geral, fortalece o organismo. O medicamento é também diurético, melhora o metabolismo, actua preventivamente contra a formação de cálculos na vesícula biliar e ajuda a dissolvê-los lentamente.

Podemos usar uma forte decocção fumitória também topicamente para lavar dermatites e eczemas antigos. É também utilizada como ingrediente em banhos de assento nos casos de hemorróidas e cancro do reto. Apoiamos sempre o seu excelente efeito tópico bebendo chá, de preferência em combinação com outras plantas depurativas do sangue.

Embora o fumitório comum não seja perigoso, consideramo-lo ligeiramente venenoso, pelo que deve ser utilizado com cuidado. Para uso exclusivamente interno, preferimos uma dose mais baixa, para não causar dificuldades respiratórias ou cardíacas. Nas misturas de chá podemos utilizar as suas boas propriedades sem preocupações.

O fumeiro comum já era utilizado para fins medicinais pelos famosos médicos Galenos e Avicena. O nome do fumeiro comum está verdadeiramente relacionado com o fumo e podemos explicar a sua criação de três maneiras. As suas folhas prateadas parecem pouco fumadas. Nos locais onde formam coberturas densas, parecem fumos à distância e, em terceiro lugar, quando as copas secas são queimadas, os fumos irritam os olhos. O Zodíaco atribui o fumeiro comum ao Aquário.

Chá dermatológico
Misture partes iguais de folhas de fumeiro comum e de goldenrod e de chicória, bardana e raiz de dente-de-leão. Colocar duas colheres da mistura em 1/2 litro de água morna. Deixar repousar e, em seguida, aquecer lentamente, ferver brevemente e deixar em infusão, tapado. Verter através de um coador e beber duas vezes por dia, não durante muito tempo, nos casos de todos os problemas de pele.

Mistura de chá para aumentar a formação de glóbulos vermelhos
Vamos prepará-lo com partes iguais de cada um dos topos de fumeiro comum, centauro comum e urtiga comum e raiz de dente-de-leão esmagada. Aquecer lentamente duas colheres da mistura em 1/2 litro de água até ao ponto de ebulição, deixar em infusão tapada, verter através de um coador e beber três vezes por dia.

34 A insulina natural também é agradável para os bebés

Arruda de cabra *Galega officinalis*

Tenho o maior apreço pelas ervas medicinais que têm o adjetivo "officinalis" no seu nome. Isto é ainda mais verdade para a arruda de cabra, apesar do facto de pertencer a plantas medicinais pouco conhecidas. Também não é frequente na natureza selvagem. O seu ramo de flores brancas a rosa, semelhante ao do meliot amarelo, e as suas folhas decorativas, fazem dela uma planta muito bonita, que aparece em jardins de pedras e jardins decorativos. Recolho os topos floridos da arruda de cabra, quando ela começa a florir. Não mais tarde, porque quando a floração termina, o envenenamento espalha-se para as copas a partir das raízes. Em casa, corto-a imediatamente e seco-a, porque preciso frequentemente deste medicamento e não tenho um substituto para ela. É bom que o medicamento também possa ser comprado recentemente.

Utilizei a arruda de cabra apenas para dois fins principais de tratamento, mas ela é particularmente necessária para ambos. Em primeiro lugar, não pode faltar em nenhuma mistura de chá contra a diabetes, porque diminui acentuadamente o nível de glicose no sangue. É por vezes chamada insulina oral, embora não substitua diretamente essa substância. Juntamente com o mirtilo e a fava, considero-a a melhor planta medicinal para todos os diabéticos. Ajuda-os frequentemente a manter a glicose no sangue a um nível em que não precisam de tomar insulina. A sua segunda utilização é completamente diferente. A arruda de cabra é uma das poucas ervas que apoiam a produção de leite materno, o que a predestina para ser utilizada pelas mães e pelos seus filhos. Actua como um laxante suave, por isso adiciono-a numa pequena quantidade aos chás para tratar doenças que são acompanhadas de obstipação.

A droga fresca esmagada ou o pó dos topos secos sob a forma de pomada é utilizado topicamente para tratar eczema e vários outros problemas de pele. Podemos usar a arruda de cabra em misturas com outras ervas sem preocupações. Quando a usamos sozinha, temos de ter cuidado porque doses maiores podem causar sintomas de envenenamento.

Desde a antiguidade que a arruda de cabra está ligada ao leite. O seu nome latino vem do grego e significa "trazer leite". Talvez esteja também relacionado com a experiência observada nos prados suíços, onde cresce frequentemente. Quando é consumida pelas vacas, estas produzem mais leite.

Chá para diabéticos

Misturar partes iguais de cada um dos topos de arruda de cabra, folhas de mirtilo e pericarpo de feijão. Ferver brevemente duas colheres da mistura em 1/2 litro de água e deixar cozer tapado. Passar por um coador e beber duas vezes por dia.

Mistura de chá para aumentar a produção de leite materno
Colocar duas partes de arruda de cabra, de funcho esmagado e de endro, e juntar uma parte de arruda e uma parte de arruda. Deitar 1/2 litro de água a ferver sobre duas colheres da mistura e deixar em infusão tapada. Passar por um coador e beber três vezes por dia, interrompendo ocasionalmente a sua utilização.

Pomada contra o eczema
Moer a arruda de cabra seca até ficar em pó, deitá-la na banha derretida até formar uma papa. Misturar bem em lume brando e deitar em recipientes adequados. Aplicar uma camada fina nas zonas afectadas e cobrir com uma compressa ou um tecido fino.

35 Já inútil para coloração, ainda não para tratamento

Erva-verde do tintureiro *Genista tinctoria*

A erva-de-são-joão é uma erva de início de verão. É frequente na nossa natureza, quando os seus arbustos começam a florir nos prados e nas encostas, como se ali ardessem chamas amarelas brilhantes. Também a colho, cortando os topos, apenas um pouco abaixo da flor. O género Dyer's greenweed tem várias espécies muito semelhantes, mas não se deve esforçar para as distinguir, uma vez que são iguais para uso medicinal. Este medicamento, muitas vezes necessário, ainda não é vendido nas farmácias.

De entre as várias boas propriedades da erva-de-são-joão, utilizo em primeiro lugar a sua considerável propriedade diurética. Este facto predestina-a a ser utilizada nos casos de doenças cardíacas, se não estiverem associadas a hipertensão arterial, e em todas as doenças, quando é necessário purgar o organismo de substâncias residuais, como a gota, a hidropisia e o reumatismo. Aumenta o fluxo sanguíneo nos rins, ajuda nos casos de cálculos renais, limita o armazenamento de sais nas articulações e melhora o fornecimento de oxigénio ao organismo. Faz parte dos medicamentos naturais mais eficazes contra todos os tipos de inchaços. No tratamento popular, é utilizada há muito tempo para o tratamento de doenças relacionadas com a atividade excessiva da glândula tiroide.

O pau-verde de Tintureiro é considerado uma planta ligeiramente venenosa. Quando utilizada isoladamente, tem uma ação relativamente forte, sendo um pouco laxante, pelo que a utilizo como ingrediente minoritário em misturas de chá, juntamente com outras ervas, onde a sua força medicinal é muito bem aplicada.

Já antes de o pau-verde do tintureiro ser classificado entre as plantas medicinais, era utilizado para tingir tecidos. Já na antiguidade se sabia que, quando os seus caules são molhados em água, se obtém uma fibra semelhante ao linho.

Mistura de chá para tratar a glândula tiroide
No caso de atividade excessiva da glândula tiroide, que causa a doença de Basedow-Graves, fazemos uma mistura de chá com duas partes de copas de pau-verde do tintureiro, às quais adicionamos uma parte de valeriana, bardana e raiz de alcaçuz. Colocamos duas colheres da mistura em água morna e deixamos macerar durante a noite. Em seguida, ferver lentamente e deixar macerar tapado. Beber três vezes por dia em terços da quantidade.

Mistura de chá contra os inchaços
Em caso de inchaço em qualquer parte do corpo, misturar partes iguais de cada um dos topos de pau-verde, de pau-dourado e de urze e de folhas de bétula. Verter sobre 3/4 de litro de água a ferver e deixar em infusão, tapada. Beber esta dose diária em partes durante vários dias.

36 Os aguaceiros terminarão com a chegada das gruas

Erva Robert *Gerânio (Geranium robertianum)*

Tenho muita pena desta bela planta, pois recebeu o nome mais feio de entre várias espécies de groselha. Mas isso justifica-se, pois o seu cheiro é desagradável. Esta é, no entanto, a sua única propriedade má. Gosta de crescer em florestas húmidas sombrias, matagais e desfiladeiros. Por vezes, forma também ricos cobertos decorativos. Mas, tal como todos os grous, também este malcheiroso "dispara" as suas sementes a uma distância de até dois metros. Gosto muito de colher os topos da Herb Robert, que dão origem à droga medicinal, no início da sua floração. A planta, no entanto, floresce durante muito tempo e podemos apanhá-la enquanto houver flores, o que deve ser aproveitado, uma vez que este medicamento não é vendido. O cheiro desagradável da erva enfraquece substancialmente após a secagem, mas o seu sabor forte e desagradável mantém-se preservado. Prefiro um medicamento fresco, porque a secagem diminui o conteúdo dos ingredientes activos.

Atualmente, a utilização medicinal da erva-brava é contraditória. Num período ganhou grande popularidade como medicamento contra o cancro, noutro foi considerado obsoleto. Mas posso afirmar com certeza que os efeitos encolhedores de Herb Robert são adequados para misturas de chá para parar hemorragias, em particular do nariz e dos pulmões, mas também para parar diarreias e catarros gástricos. Além disso, utilizo-o como diurético em misturas de chá para dissolver cálculos urinários e em casos de dores de bexiga. Pode também constituir um ingrediente para chás contra a tosse, para libertar o muco, nos casos de gota, reumatismo, e são-lhe também atribuídos efeitos anticancerígenos.

Os pensos de uma droga fresca de Herb Robert, aplicados diretamente ou sob a forma de pomada, foram comprovados no tratamento de inchaços, inflamações, úlceras, eczema húmido e espinhas. A sua decocção forte pode ser usada como gargarejo nos casos de inflamação da garganta.

Não foram encontrados efeitos adversos na utilização da Erva Robert, mas é relativamente forte, pelo que a utilizamos com moderação, não durante muito tempo, e sobretudo em misturas de chá.

Desde o tempo de Dioscórides, a erva-brócolo é chamada gerânio, do grego geranos - grou. Recebeu este nome devido às suas folhas calix caraterísticas, que se assemelham a bicos de cegonha. Na Idade Média, o Herb Robert era uma planta de culto. Acreditava-se que aqueles que estavam perturbados por um amor infeliz deviam secar um pouco de Herb Robert, esmagá-lo em pó e polvilhá-lo no pão.

Mistura de chá para tratar hemorragias internas
Misturar duas partes iguais de cada um dos topos de cranesbill, shepherd's purse, goldenrod, horseweed e knotgrass. Deitar 1/2 litro de água a ferver sobre duas colheres da mistura e deixar em infusão tapada. Passar por um coador e beber durante vários dias para purgar o sangue na urina e em caso de hemorragia interna.

Pensos para inchaços
Cortar finamente ou moer os topos dos bicos de groselha frescos. Misturar com uma pequena quantidade de banha derretida e colocar toda a massa num tecido ou gaze. Aplicar em inchaços, em qualquer parte do corpo, e deixar atuar durante mais tempo. Também se pode usar a compressa para tratar doenças de pele e tumores.

37 Estrangularás a asma com hera

Inhame-da-terra *Glechoma hederacea*

A herbácea pertence às ervas importantes, que vou colher no início de uma nova estação. É uma erva daninha bastante frequente na nossa natureza, mas esconde-se sobretudo na relva e apenas pequenas flores violetas brilhantes a traem. Recolho os topos floridos logo que aparecem, mas o período de floração do lírio-da-terra é longo, pelo que não preciso de me apressar. A hera não é vendida em lojas especializadas, por isso tento fazer um stock suficiente desta droga.

O nome do pinhão-manso deve-se ao facto de, desde a antiguidade, tratar a asma brônquica. Esta é a sua principal aplicação ainda hoje. O chá de erva-doce ajuda nos casos de tosse, dispneia e outras doenças dos órgãos respiratórios. O efeito anti-inflamatório da erva-doce, verificado nos casos de doenças dos brônquios e dos pulmões, revela-se positivo também no sistema digestivo. Desintoxica o fígado e é benéfico também nos casos de doenças de pele. Em receitas de ervas é também aplicada para tratar doenças dos órgãos urinários, libertando pedras e areia no trato urinário. As folhas jovens de lívio-da-terra, devido ao seu elevado teor de vitaminas, são também recomendadas para saladas de primavera. A tintura é também uma forma adequada de utilização do lírio-da-terra.

Podemos utilizar a droga fresca de hera moída topicamente como penso para feridas de difícil cicatrização e eczema. A decocção forte pode ser utilizada como gargarejo para tratar doenças da boca e do pescoço ou como ingrediente de banho.

O lírio-da-terra é uma erva fiável e inofensiva, que é ideal como ingrediente para várias misturas de chá, mas também podemos utilizá-la em doses normais, bem como sozinha.

A erva-doce moída foi introduzida na prática medicinal por médicos alemães no século XVIII. Desde então, tem sido utilizado como medicamento, sendo conhecido no mundo inteiro como o chá suíço. Na Idade Média, as folhas jovens de lírio moído eram um ingrediente popular para sopas.

Leite de vaca moído

Ferver duas colheres de chá de pinhas frescas moídas em 1/2 litro de leite e deixar em infusão, tapado, durante 20 minutos. Passar por um coador e juntar uma colher de mel. Beber quente, lentamente, em goles, durante toda a noite e, sobretudo, antes de se deitar. Este leite ajuda também nos casos de asma e de todas as dificuldades dos órgãos respiratórios.

Mistura de chá contra a comichão na pele

Misturar partes iguais de folhas de tília e tomilho moídas e flores de tília e camomila. Aromatizar o chá, preparado da forma habitual, com mel ou limão e bebê-lo durante vários dias.

38 A primeira viagem de primavera pertence à magnificência da floresta

Hepática *Hepatica nobilis Schreb.*

Mesmo antes do desaparecimento da neve, durante os primeiros passeios à sombra da floresta de fim de inverno, posso ver coberturas azul-violeta de flores de hepáticas. Nalguns locais, conseguem colorir lindamente a floresta com a densidade da sua cobertura. Esta planta frágil e preciosa está em vias de extinção, pelo que é cultivada para fins medicinais. Nunca colhi as flores, porque são pequeninas e tive pena delas, mas apenas as folhas e, mais tarde, quando cresceram até ao tamanho normal. São elas que fazem a droga medicinal da hepática.

Como o nome indica, a hepática é o medicamento de primeira escolha nos casos de doenças do fígado, um órgão vital. Ajuda nos casos de inflamações, endurecimento, alargamento, desintegração e função hepática fraca. Juntamente com o cardo mariano, pertence aos melhores medicamentos para tratar o fígado. A maioria das ervas que tratam o fígado também são benéficas para a vesícula biliar, e isso também é verdade para a hepática. Impede a formação de pedras na vesícula biliar e no trato biliar, trata a irritação da vesícula biliar e do baço, é usada como diurético, purga o sangue da urina e também é benéfica nos casos de outras doenças do sistema urinário.

Na medicina popular, recomenda-se a aplicação de folhas frescas de hepática esmagadas em feridas, contusões e inchaços.

A hepática é uma erva inofensiva, que também podemos utilizar sozinha, mas temos várias outras plantas excelentes para o fígado, que podemos combinar com a hepática e alterar a sua utilização em várias misturas.

A hepática recebeu o seu nome da base grega hepar - fígado - e o seu efeito medicinal sobre o fígado foi-lhe atribuído de acordo com o chamado estudo da assinatura - que o semelhante cura o semelhante - porque as suas folhas têm uma forma semelhante à do fígado. Esta teoria não tem qualquer fundamento, mas no caso da hepática foi, por coincidência, verdadeira.

Chá de fígado versátil

Preparamo-lo com partes iguais de folhas de hepática, sementes de cardo mariano, agrimónia e cardo de S. Bento, e raiz de dente-de-leão e chicória. Colocam-se duas colheres da mistura em 1/2 litro de água, aquece-se lentamente até começar a ferver e deixa-se em infusão, tapado, durante 20 minutos.

Verter através de um coador e beber três vezes por dia, em jejum, meia hora antes da refeição.

Mel de hepática
Moer as folhas secas de hepática até obter um pó fino e misturá-lo com uma quantidade adequada de mel quente. Tomar uma colher antes dos pratos principais.

39 Dorme-se bem numa de lúpulo

Lúpulo *Humulus lupulus*

Quando ando pelos campos de lúpulo cheios desta útil planta, apercebo-me de quanta saúde existe. O lúpulo não é apenas material para a produção de cerveja, mas é também uma óptima planta medicinal. O lúpulo das plantações de lúpulo é o melhor para fins medicinais, se não for tratado quimicamente, mas também aparece na natureza selvagem, onde o colho com mais frequência, embora tenha efeitos ligeiramente mais fracos. Colho o lúpulo imediatamente quando começa a amadurecer, porque, debaixo das pétalas, há sementes escondidas que contêm a substância mais eficaz, a lupulina, que depois cai. Mas a maior parte das vezes compro este medicamento numa farmácia. Mas sempre apenas do último lote, pois o lúpulo perde rapidamente a sua eficácia. Não deve ser armazenado por mais de um ano, portanto, é adequado usá-lo na forma de tintura.

Na prática herbal, o lúpulo é utilizado em particular como um agente calmante de ação geral para todo o organismo. Ajuda bem nos casos de enxaqueca, nervosismo, dificuldades da menopausa e insónia. As pessoas que têm dificuldade em adormecer devem, em vez de comprimidos para dormir prejudiciais, beber uma chávena de chá de lúpulo. Um saco de tecido cheio de lúpulo, colocado ao lado da almofada , também é bom. O lúpulo contém algumas substâncias semelhantes a hormonas, que reduzem a libido masculina e ajudam as mulheres a controlar os seus ciclos menstruais. O chá de lúpulo é ligeiramente diurético; favorece o apetite, aumenta a atividade dos órgãos digestivos e tem também muito boas propriedades desinfectantes.

O lúpulo é bem aplicado topicamente como parte de vários banhos, onde apreciamos o seu efeito calmante. A compressa de lúpulo vaporizada serve bem no tratamento de feridas e nos casos de queda de cabelo patológica. As receitas antigas recomendam o fortalecimento do cabelo através da sua lavagem e enxaguamento com cerveja. Como todos os agentes calmantes, o lúpulo também pode ter efeitos desagradáveis em caso de sobredosagem. No entanto, nas doses habituais e nas misturas de chá, podemos utilizá-lo sem preocupações.

Os registos do lúpulo como especiaria e medicamento aparecem já na Antiguidade. Numerosas indicações são-lhe atribuídas em herbários da Idade Média. A denominação científica do lúpulo é uma deprecação do latim humus - terra - porque se não for apoiado, rasteja no chão, enquanto lupus - lobo - porque é prejudicial a outras plantas. O Zodíaco atribuiu-o a Carneiro.

Almofada de ervas
Polvilhe o lúpulo com álcool, adicione hortelã-pimenta, alfazema, tomilho, pétalas de rosa, camomila ou outras ervas aromáticas que libertem óleos essenciais. Coloque tudo isto numa almofada de tecido. Coloque-a na cama ao lado de uma cabeça, o que garantirá um sono calmo.

Videira para dormir bem
Colocar duas colheres de lúpulo, erva de São João, melissa e topos de lavanda em 1 litro de vinho tinto. Deixar macerar num local quente durante duas semanas. Verter através de um coador, adicionar uma colher de tintura de valeriana e beber 1/2 - 1 dl antes de ir para a cama.

40 Um presente de verão para o corpo e para a alma

Erva de São João *Hypericum perforatum*

Desde o início da minha vida com as ervas aromáticas que tenho respeito e admiração pela Palavra de São João. As suas ricas flores amarelas são uma bela decoração dos nossos prados na altura do início do verão. Reconhecemo-la com segurança pela perfuração semelhante a pontos nas folhas, que são bem visíveis à luz. O seu nome popular é "erva de verão", porque deve ser colhida no dia de verão, quando se diz que é mais eficaz. Não é igual em todo o lado, mas começa a florir mais ou menos nessa altura. Durante a recolha, corto os topos inteiros das plantas. A erva de São João é muito popular e pode ser comprada em lojas especializadas e, por vezes, também no mercado.

O hipericão é conhecido e popular graças às suas propriedades medicinais muito variadas. Está comprovado nos casos de todas as doenças do fígado e da vesícula biliar, úlceras estomacais, estômago ácido e perturbações do trato urinário. O chá de hipericão também é muito bom para os nervos - acalma em geral, tem um efeito positivo na psique e ajuda a livrar-se de condições depressivas, ansiedade, neurose e insónia. Também foi comprovado nos casos de doenças cardíacas crónicas. Tal como o alho, melhora a circulação sanguínea, até aos capilares. É adequado para misturas de chá nos casos de vários distúrbios menstruais e dificuldades durante a menopausa. Actua também como antibiótico.

As flores de hipericão são também um excelente meio medicinal tópico. Embebidas em óleo natural, são utilizadas como um medicamento versátil para tratar feridas e queimaduras, inflamações dos mamilos, varizes e locais com falta de pigmento nos casos de albinismo.

O chá de hipericão é delicioso; podemos bebê-lo sozinho como um delicioso chá ou como parte de saborosas misturas de chá preventivo. Mas mesmo uma erva medicinal tão boa como a erva de São João tem uma propriedade desagradável, que causa sensibilidade à luz solar. Por isso, durante a cura do hipericão, evitamos apanhar sol.

O hipericão é uma planta de culto antiga, envolta em mitos e superstições. Na Idade Média, era considerada como uma força herbácea contra a bruxaria e as intrigas do diabo. Protegia também contra as trovoadas e os relâmpagos. O pigmento vermelho contido nas flores é chamado sangue de S. João e está ligado à lenda da morte de mártir de S. João Batista.

Óleo do John
Empurrar os topos cortados da erva de São João para um frasco adequado. Verter sobre óleo de girassol virgem ou azeite e deixar ao sol durante 4 a 5 semanas, inclinando-a de cabeça para baixo, até ficar vermelha. Verter através de um coador e espremer. Utilizar como um medicamento versátil.

Chá antidepressivo
Adicionar uma parte de cada erva-cidreira, orégãos e salgueiro a duas partes de erva de São João.
Verter 1/2 litro de água a ferver sobre duas colheres da mistura e deixar em infusão tapada. Aromatizar o chá filtrado com limão e mel e beber na altura em que for necessário.

41 Um bom amigo que dá uma nova força

Hissopo *Hissopo (Hyssopus officinalis)*

Tenho sempre esta bela erva aromática num pequeno canteiro de flores no jardim. É outro representante das ervas, originárias do Mediterrâneo, que não crescem em estado selvagem na Eslováquia. É, no entanto, cultivada com bastante frequência, sobretudo para fins medicinais. O hissopo é pouco exigente; basta um pequeno pedaço de um local ensolarado para que floresça em toda a sua beleza. Um aspeto interessante é que as suas flores violetas escuras estão viradas apenas numa direção. Quando o hissopo começa a florir, observo-o diariamente e corto a parte superior não lenhosa na fase de plena floração, pois é nessa altura que o medicamento é mais eficaz. Quem não cultiva hissopo pode comprá-lo, porque é vendido normalmente.

De entre as muitas propriedades do hissopo, valorizo mais o seu efeito nos brônquios e a sua capacidade de fortalecer todo o organismo. Actua como um antibiótico nas vias respiratórias. É adequado numa combinação com banana-da-terra ou verbasco. Na minha prática de herborista, utilizo sobretudo os seus efeitos substancialmente fortalecedores em todo o organismo, o que se manifesta em particular nos idosos. Também actua como afrodisíaco. O macerado de hissopo no vinho é muito bom. O hissopo aumenta ligeiramente a tensão arterial, elimina a transpiração nocturna, alivia o inchaço, melhora o apetite, é ligeiramente diurético e impede o crescimento de bactérias nocivas no organismo. O hissopo foi provado em uso externo como excelente gargarejo para tratar inflamações da garganta e da boca. Actua de forma semelhante à salva e a sua ligação nesta utilização é muito adequada. O chá de hissopo é saboroso, mas como todas as ervas fortificantes, deve ser usado com cuidado. A sua dosagem mais forte pode ter um efeito contrário. Não é recomendado durante a gravidez ou para tratar irritação ou nervosismo.

Há muito tempo que o hissopo é considerado uma planta sagrada. Na Idade Média, era popular cultivá-lo nos jardins dos mosteiros, não só como planta medicinal, mas também como especiaria. Era também uma planta mágica muito difundida, utilizada para a limpeza de pessoas com lepra, mas também de interiores de igrejas e edifícios. Na astrologia, o hissopo está ligado ao signo de Caranguejo.

Vinho para seniores

Cortar os topos de hissopo frescos ou secos em pequenos pedaços, adicionar pelo menos 20 % do volume de cada uma das folhas de segurelha e de alecrim. Verter livremente até 1/3 do volume de uma garrafa adequada. Completar com vinho tinto e deixar macerar durante 2 a 3 semanas, agitando ocasionalmente. Verter através de um coador, aromatizar um pouco com limão e mel e beber, em jejum, em pequenas chávenas, de manhã e à noite.

Gargarejo para tratar uma dor de garganta

Misturar partes iguais de hissopo e de salva. Colocar duas colheres da mistura em 1/4 de litro de água. Ferva rapidamente e deixe-a coberta para infundir. Verter através de um coador e gargarejar várias vezes.

42 Seiva de celandine amarela, um presente dos céus para a vesícula biliar

Celandine grande *Chelidonium majus*

É um parente distante da papoila, que pode ser encontrada em quase todo o lado como erva daninha. Mas não é muito bonita. As suas pequenas flores amarelas caem facilmente, pelo que nem sequer as posso guardar num vaso. Não é comida pelo gado e não tem nenhum inimigo natural, pelo que cria arbustos ricos. A celandine gosta de crescer principalmente em estradas, à volta de casas e em detritos. Quando a planta é apanhada, liberta seiva amarela, que deixa manchas difíceis de remover na roupa. A celandine é, portanto, uma planta um pouco desagradável e também perigosa. Apesar disso, apanho-a todos os anos, no máximo em maio, quando floresce. Colho a planta inteira, também com a raiz, o que é fácil de fazer, mas apanho apenas as partes superiores. As substâncias activas da celidônia têm um tempo de vida curto, por isso, na maior parte das vezes, não a seco, mas faço uma tintura.

As flores amarelas da celandina maior como que sabem que pertencem à vesícula biliar. Considero-a uma das melhores plantas medicinais para este órgão. Ajuda a tratar a hepatite, a areia e os cálculos da vesícula biliar, as dores e irritações da vesícula biliar. Actua também de forma benéfica no fígado, no duodeno, no pâncreas e em todo o sistema digestivo. Os seus efeitos antibacterianos e a sua capacidade de abrandar o crescimento de células tumorais são significativos. Apoia igualmente o funcionamento do coração e alarga as suas veias, o que é particularmente benéfico em caso de angina de peito.

Na sua utilização tópica, a celidônia é um meio de primeira ordem para tratar as verrugas, que devem ser tratadas com seiva fresca várias vezes ao dia. Assim, é certo que desaparecerão em vários dias. O pó da droga seca é recomendado para o tratamento de feridas difíceis de tratar, em particular nos diabéticos. Uma decocção forte de uma droga fresca também actua bem no tratamento do pé de atleta.

As excelentes propriedades medicinais da celandine devem ser utilizadas internamente com muito cuidado, uma vez que toda a planta é venenosa e doses mais fortes podem ser perigosas. Para estas plantas, recordemos a velha regra de dosear menos do que mais, não experimentar e, se possível, colaborar com um profissional.

A celidônia é uma planta medicinal antiga, que era chamada "uma dádiva dos céus". Fazia parte das plantas mais populares dos alquimistas, que acreditavam no seu forte poder mágico e a utilizavam na procura da pedra filosofal.

Tintura de celandine maior
Espremer a seiva dos topos frescos da celidônia e misturá-la com álcool forte na proporção de 1:1. Colocar num pequeno frasco de vidro escuro.

Preparação contra os bolores
Misturar partes iguais de cada um dos topos maiores de celandine, sálvia e tomilho. Verter uma mistura de partes iguais de tintura de ervas com álcool e vinagre de vinho sobre as ervas. Deixar macerar durante 3 a 4 semanas, agitando de vez em quando. Verter através de um coador e aplicar repetidamente nos locais afectados. Durante a noite, tratar com calêndula ou outra pomada cicatrizante.

43 Duas coroas do rei da árvore de fruto

Noz *Juglans regia*

A designação desta bela árvore é plenamente justificada. Considero-a não só o rei do jardim frutífero, mas também classifico as suas propriedades medicinais entre as mais importantes. O fruto da nogueira é saudável e particularmente nutritivo. A sua casca verde e, em particular, as suas folhas são utilizadas para fins medicinais e eu colho-as imediatamente depois de atingirem o seu tamanho máximo. Este medicamento também pode ser comprado. A noz é utilizada em várias preparações medicinais e cosméticas.

O chá das folhas e dos frutos tem efeitos de contração e anti-bacterianos e purga fortemente o sangue, pelo que o utilizo em particular nos casos de doenças de pele. Trata eczemas com comichão, queimaduras de frio e vários tipos de erupções cutâneas. É também um excelente medicamento para tratar o corrimento vaginal branco. Diminui o nível de glucose no sangue, limpa as mucosas do estômago e dos intestinos, e ajuda a expulsar os parasitas dos intestinos.

As folhas jovens de nogueira cozidas a vapor são o melhor penso vegetal para feridas sépticas. De mornas a quentes, devem ser substituídas com mais frequência e deixadas no local dorido também durante a noite. É quase inacreditável, mas eu poderia citar um paciente que, desta forma, evitou a amputação de uma perna por causa de uma inflamação no joelho.

Os pensos de noz também ajudam a tratar feridas, úlceras e inchaços difíceis de tratar. O óleo capilar de noz, que limpa a pele do cabelo e fortalece as raízes do cabelo, também é conhecido. A decocção forte das folhas de nogueira elimina o suor dos pés, mas é também um ingrediente muito bom e frequentemente utilizado para banhos de ervas.

O chá de noz tem um sabor agradável e, adoçado com mel, pode ser utilizado nas doses habituais como chá de consumo. Mas diminui ligeiramente a tensão arterial, pelo que não é recomendado para pessoas com hipotensão.

Na Grécia Antiga, as nogueiras eram chamadas "persas" porque se dizia que tinham sido trazidas para a Europa pelos reis persas. Os romanos consagraram a nogueira ao deus Júpiter, que lhe deu o nome de "bolota de Júpiter". Os seus frutos eram considerados um alimento divino e um símbolo de fertilidade.

Licor de noz

Recolher nozes verdes inteiras quando ainda podem ser facilmente cortadas, na maior parte das vezes em meados do verão. Cortá-las em pedaços, juntar cravinho, baunilha, canela e pedaços de casca de laranja proporcionalmente à quantidade. Colocar numa garrafa e verter sobre uma bebida espirituosa, de modo a cobri-la em cerca de 1/3 do volume. Deixar repousar durante 2 a 3 semanas num local ensolarado e agitar ocasionalmente. Em seguida, passar por um coador, aromatizar com mel e deitar em garrafas. Beber duas vezes em pequenos copos, duas vezes por dia, como aperitivo, mas não durante muito tempo.

Água de noz para banhos de sol

Colocar uma colher de pericarpo de noz cortado em pedaços em 1 dl de vodka e deixar macerar durante 2 a 3 dias. Quando estiver a apanhar sol, aplicar sobre a pele de todo o corpo, o que acelera o bronzeado.

44 Boa desinfeção, não apenas no brandy de zimbro

Zimbro *Juniperus communis*

Os arbustos de zimbro são frequentes na natureza eslovaca; estão geralmente dispersos em encostas secas e pedregosas localizadas mais alto. A madeira tem um agradável aroma a resina. Lembro-me de uma bela experiência numa fogueira cheirosa, que fizemos com ramos secos de zimbro. Os frutos do zimbro são conhecidos, nomeadamente, como matéria-prima para a produção de aguardente de zimbro. Amadurecem uma vez em cada dois anos. Recolho-os no outono do segundo ano, apenas os que têm uma bela cor preta azulada. Seco-as numa camada fina porque são sensíveis ao vapor. Esta droga está incluída na lista das plantas medicinais e, normalmente, também a podemos comprar.

No tratamento com ervas, o zimbro é mais frequentemente utilizado para o tratamento de doenças urinárias, onde é combinado com goldenrod e urze. Adiciono-o a chás diuréticos e a misturas para tratar doenças das vias respiratórias. A sua capacidade de melhorar o metabolismo nas articulações, que, juntamente com as suas propriedades diuréticas, a predestina para o tratamento do reumatismo articular, é também significativa. Recomendo-a também para o tratamento da fraqueza cardíaca, para eliminar a água do organismo e nos casos de várias doenças de pele. Também é capaz de eliminar doenças do estômago ligadas a uma digestão imperfeita. Quando mastigamos algumas bagas de zimbro em jejum, lentamente, uma a uma, melhora a digestão e purga o organismo.

As bagas de zimbro devem ser sempre esmagadas antes da utilização, de modo a obter a melhor utilização das substâncias activas.

O zimbro tem uma aplicação muito importante no uso externo, como parte de decocções medicinais para banhos destinados a tratar o reumatismo e a artrite.

Para o efeito, podemos também utilizar os rebentos de primavera. Este banho fortalece incrivelmente todo o corpo, alivia a dor e melhora a mobilidade das articulações. Sob a forma de pomada ou óleo, melhora a circulação sanguínea na pele e, consequentemente, o processo de cicatrização.

O zimbro irrita fortemente os rins, pelo que as pessoas com problemas renais não o devem utilizar de todo. Também não é recomendado durante a gravidez ou a amamentação.

A glória medicinal do zimbro remonta à Idade Média, quando os árabes faziam uma famosa compota de zimbro, mencionada em algumas farmacopeias antigas até hoje. Os frutos têm um forte efeito desinfetante. Durante as epidemias medievais, quem mastigava bagas de zimbro durante o dia não ficava doente.

Chá antirreumático
Misturar partes iguais de cada um dos frutos de zimbro, dos topos de erva-dourada e cavalinha e das folhas de bétula. Deitar 1/2 litro de água a ferver sobre duas colheres da mistura e deixar em infusão tapada. Passar por um coador e beber durante vários dias, também em maior quantidade, até um litro por dia.

Banho de zimbro
Ferva cinco punhados de frutos de zimbro e rebentos jovens em lume brando em dois litros de água durante cerca de 15 minutos. Verter através de um coador na água morna do banho. Banhar o corpo inteiro duas vezes por semana durante 15 a 20 minutos.

45 Diferentemente bom para os homens, diferentemente para as mulheres

Chagas brancas *Lamium album*

Pela sua beleza e bondade, a urtiga branca pertence à categoria mais elevada das plantas medicinais. No entanto, muitos não gostam dela porque se assemelha à impopular urtiga. A urtiga branca, em contraste com a urtiga, não pica, tem folhas de forma bonita e pequenas flores brancas ricas, que crescem à volta do caule como pequenas grinaldas. A urtiga branca aparece em quase todo o lado e floresce durante muito tempo, por vezes mesmo no outono pela segunda vez, pelo que todos a podem colher. As flores brancas puras dão uma droga da mais alta qualidade; por vezes, recolho os topos da planta inteira. Os seus parentes, a chagas roxa e o arcanjo amarelo, também têm efeitos medicinais semelhantes, e podemos utilizá-los igualmente. No entanto, o medicamento de chagas brancas é também um produto comum nas farmácias. Uma coisa interessante sobre a aplicação medicinal da chagas branca é que actua melhor em órgãos que são diferentes nos homens e nas mulheres e é aplicada de forma diferente em ambos os sexos. No organismo da mulher, trata de forma excelente as dificuldades menstruais, fortalece o útero, ajuda nos casos de inflamações dos ovários e impede o corrimento branco, que é um problema frequente nas mulheres jovens. Por isso, acrescento-a como a segunda erva mais importante, a seguir ao manto de senhora, em todas as misturas de chá para tratar as doenças das mulheres. Os homens, em particular na idade avançada, têm muitas vezes problemas para urinar. Neste caso, a urtiga-branca actua positivamente na próstata, relaxa as vias urinárias e ajuda no tratamento de outras doenças dos órgãos urinários. A urtiga branca é boa para tratar a insónia e afecta positivamente a digestão e os órgãos respiratórios. Podemos adoçá-la com mel e bebê-la como chá de consumo. Costumo juntar as folhas jovens da urtiga branca nas saladas de vitaminas da primavera.

Quando utilizada externamente, a decocção de chaleira branca é utilizada para lavar eczemas cutâneos, como ingrediente adequado em banhos de assento para tratar hemorróidas, para apoiar a cicatrização de feridas e queimaduras. O chá de chaleira branca tem um sabor agradável e não tem efeitos adversos. Também o podemos beber sem qualquer limitação, mas, como é o caso de todas as ervas, não de forma permanente.

Já Dioscurides e Pline distinguiam botanicamente dois tipos de urtiga - a urtiga que pica e a que não pica, ou seja, a urtiga e a urtiga branca. Na Idade Média, a urtiga branca era chamada "urtiga morta" e já nessa altura era utilizada como planta medicinal. Os seus excelentes efeitos nos órgãos femininos só foram descobertos no século passado.

Mistura de chá para parar o corrimento branco das mulheres

Para a mistura de chá, utilizar duas partes de cada um dos topos ou flores de chagas brancas e topos de manto de senhora, adicionar uma parte de cada um dos topos de agrimónia e flores de camomila. Deita-se 1/2 litro de água a ferver sobre duas colheres da mistura e deixa-se em infusão, tapada, durante 15 minutos. Passar por um coador e beber duas vezes por dia. Um bom complemento do tratamento são os banhos de assento com a mesma mistura em dose dupla.

Chá urológico

Para a sua preparação, utilizar duas partes de cada um dos topos de urtiga branca e de goldenrod, às quais adicionar uma parte de cada um dos topos de cavalinha e de manto de senhora e folhas de bétula. Deita-se 3/4 de litro de água a ferver sobre três colheres da mistura e deixa-se cozer tapado. Bebe-se o chá por partes, num coador, não durante muito tempo.

Mistura de chá para tratar a menstruação irregular

Misturar partes iguais de cada uma das flores (topos) de urtiga branca e dos topos de milefólio comum e de hipericão. Verter 1/2 litro de água a ferver sobre duas colheres da mistura e deixar em infusão tapada. Verter através de um coador e beber 2 a 3 vezes por dia, uma semana antes da menstruação prevista, até esta começar.

46 Os sonhos são doces com alfazema na cabeça

Lavanda verdadeira *Lavandula angustifolia*

A forma peculiar desta erva como que nos recorda que ela é uma estranha à nossa natureza. Foi importada para nós do Mediterrâneo, principalmente como planta medicinal. Ainda a tenho no canteiro do jardim porque as suas flores de um violeta profundo embelezam qualquer jardim de pedras ou jardim decorativo, ao mesmo tempo que cheiram agradavelmente. Para uso interno, recolho apenas a parte superior das hastes florais, quando começam a abrir as primeiras flores; para banhos, corto toda a parte aérea da planta. A alfazema também é cultivada e importada para fins medicinais, pelo que não há problema em comprar o medicamento. É vendido sob a forma de óleo, adequado para uso externo e em aromaterapia.

O chá de alfazema actua como um meio calmante eficaz. Ajuda nos casos de dores de cabeça, insónias, enxaquecas e histeria. Actua bem nos casos de todos os problemas de origem nervosa. Relaxa os espasmos dos músculos lisos do aparelho digestivo, o que melhora o funcionamento do intestino. É ligeiramente diurético e também é bom para o fígado e a vesícula biliar.

A alfazema encontra importantes aplicações tópicas. A mais adequada é a sua utilização sob a forma de óleo ou tintura. Aplicada sobre as partes doridas, ajuda nos casos de reumatismos, ferimentos, deslocações, músculos dilacerados e doenças de origem nervosa. Um banho de alfazema, com a adição de alecrim, melhora a circulação sanguínea e geralmente reanima os organismos de crianças e adultos. A droga seca é uma boa parte da almofada de ervas para um sono bom e calmo.

Os efeitos fortemente calmantes da alfazema, em doses mais elevadas, podem induzir uma intoxicação ligeira, pelo que não se deve exceder a dose recomendada na sua utilização interna.

O nome lavanda deriva do latim lavare - lavar - porque, desde a antiguidade, tem sido um ingrediente em banhos e tem sido aplicado em cosméticos. Também tem sido utilizada como substituto do sabão. Na antiguidade, tinha um papel mágico. Acreditava-se que suprimia o medo e dava força. De acordo com o Zodíaco, a alfazema é uma planta de Gémeos.

Vaporização cosmética do rosto

Preparamo-lo a partir de uma mistura de ervas que contém partes iguais ou cada uma das partes superiores de alfazema e flores de calêndula e camomila. Colocar dez colheres da mistura em dois litros de água, ferver rapidamente e deixar em infusão durante 10 minutos. Deixar ferver novamente, retirar todas as preparações cosméticas do rosto e vaporizar sob uma toalha durante 10 a 15 minutos. Repousar num local quente durante, pelo menos, uma hora. De seguida, tratar a pele da forma habitual.

Óleo de lavanda

Verter flores de alfazema frescas ou secas finamente cortadas em azeite virgem ou óleo de girassol, misturando constantemente até obter uma mistura homogénea, espessa mas ainda fluida. Coloque-a num recipiente adequado e deixe-a num local quente durante 3 a 4 semanas, virando-a de vez em quando ao contrário. Depois, aquecer ligeiramente e espremer. Esfregar o óleo na pele nos locais dolorosos, nos casos de dores de cabeça e enxaquecas nas têmporas e na testa. Nos casos de dores de origem nervosa, utilizá-lo juntamente com o uso interno de sabugueiro.

47 O coração está calmo quando se recolhe a erva-mãe

Erva-mãe - *Leonurus cardiaca*

Colecciono erva-mãe desde o início do meu interesse por ervas aromáticas e admito honestamente que se tornou uma planta muito querida para mim. O seu aspeto alto e robusto com folhas decorativas, apesar das flores minúsculas, torna-a uma planta bastante atractiva. Não é muito frequente na natureza selvagem, mas aparece em locais secos à volta de casas, cercas e estradas. Recolho apenas os topos floridos da erva-mãe, sempre durante os dias de sol. Ou retiro as folhas e flores de pedaços maiores. Ao fazê-lo, uso luvas, uma vez que a erva pica de forma desagradável. A erva-mãe é cultivada para fins medicinais e normalmente pode ser comprada.

O nome motherwort sugere que foi batizado de acordo com o facto de tratar doenças cardíacas. Isso justifica-se plenamente, uma vez que a erva-mãe é um excelente medicamento para todas as doenças cardíacas, relacionadas em particular com a tensão arterial elevada. O chá de erva-mãe acalma o coração, ajuda nos casos de fraqueza do músculo cardíaco e de perturbação da função. Diminui o ritmo cardíaco, trata a angina de peito e prolonga a diástole - o tempo de enchimento de uma câmara cardíaca com sangue. Estes efeitos revelam-se muito bem em geriatria.

Outra aplicação da motherwort na prática herbalista é a sua capacidade significativa de acalmar o organismo. A sua ação no sistema nervoso aproxima-se dos efeitos da valeriana, pelo que a recomendo para aquelas pessoas que não toleram a valeriana. Ajuda nos casos de ansiedade, enxaqueca, dores de cabeça e dificuldades relacionadas com problemas da glândula tiroide e da próstata. Tem também um efeito benéfico nas perturbações do sistema digestivo.

A decocção de motherwort mais forte é um bom meio para lavar as máscaras cosméticas da pele, enquanto a pele não é apenas salva, mas também tratada.

Com todos os medicamentos para o coração, devemos proceder com muito cuidado e isso, naturalmente, também se aplica à erva-mãe. Por isso, é preciso dosear com cuidado e consultar um profissional. Quando utilizada isoladamente em doses mais elevadas, pode revelar-se venenosa. Também não é recomendada durante a gravidez.

A terra natal da erva-mãe é a Sibéria, onde se tornou um antigo tratamento da medicina popular. Os gregos antigos utilizavam os efeitos calmantes da erva-mãe para suprimir o medo antes do nascimento, o que foi preservado no seu nome inglês - motherwort.

Chá de motherwort
Misturar partes iguais de erva-mãe e de folhas de milefólio. Verter 1/2 litro de água a ferver sobre duas colheres da mistura e deixar em infusão, tapada. Verter através de um coador, adicionar uma colher de chá de tintura de valeriana e uma colher de mel. Beber duas vezes por dia.

Mistura de chá contra o nervosismo
Misturar partes iguais de erva-mãe, de hortelã, de hortelã-pimenta e de lúpulo. Adicionar uma colher de tintura de valeriana a uma dose habitual de meio litro do chá preparado e beber de manhã e à noite em metade da quantidade.

48 Aipo americano para todas as cozinhas

Lovage *Levisticum officinale*

Fico sempre com respeito em frente a uma trepadeira alta e completamente crescida. Esta planta mediterrânica, que só é cultivada na

Eslováquia, é em grande parte mais alta do que eu. Gosto do seu aroma típico, embora um pouco forte, que faz lembrar a especiaria da sopa maggi. Por isso, é chamada pelas pessoas de "raiz maggi", mas devido à sua popularidade na América, também de "aipo americano". As folhas frescas aromáticas de lovage são bem aplicadas na cozinha em sopas, molhos, na preparação de carne e na cozinha fria. O medicamento mais eficaz para a lovage é a sua raiz, que desenterramos no início da primavera, antes de as folhas começarem a crescer, ou então só no outono, quando as folhas já estão secas e a planta murcha. As folhas jovens e as sementes são apenas um pouco menos eficazes. O medicamento também pode ser comprado numa farmácia.

Considero a lovage, acima de tudo, uma erva preventiva e recomendo a sua utilização mais frequente em estado fresco. É porque tem um elevado teor de vitaminas e é ligeiramente diurética. Ajuda o organismo a livrar-se do ácido úrico e ataca a compactação de pedras no trato urinário. É também benéfico para os rins e a vesícula biliar porque actua como um solvente suave nestes órgãos. Ao mesmo tempo, purga o sangue, melhora a sua circulação e ajuda no tratamento de doenças cardíacas, gota e reumáticas. Ajuda as mulheres a tratar a menstruação irregular, mas não devem usá-lo durante a gravidez. De um modo geral, fortalece o organismo, principalmente o sistema nervoso e muscular e actua como afrodisíaco.

Para uso externo, recomenda-se a aplicação da raiz finamente esmagada, misturada com um pouco de óleo, em manchas de pigmentação e alguns problemas de pele, sendo também um bom ingrediente para vários banhos de ervas.

Embora eu recomende a utilização mais frequente da lovage na cozinha, deve notar-se que, como medicamento, não é adequada para uma utilização a longo prazo porque irrita os rins; por isso, deve ser completamente excluída nos casos de doenças renais.

O amor-perfeito ganhou popularidade na Idade Média, quando era frequentemente cultivado nos jardins dos mosteiros e dele era feito um extrato para tratar mordeduras de cobra. O amor-perfeito, enquanto especiaria, é insubstituível na preparação de carne em França e na Alemanha, onde é designado por "especiaria dos gourmets". O Zodíaco atribuiu a lovage ao signo de Touro.

Licor de lovage
Colocar 1 - 2 ramos frescos de folhas de amoreira numa garrafa com cerca de 30 % de álcool. Deixar macerar num local quente, até obter uma cor verde agradável. Em seguida, retirar o amor-perfeito, adicionar mel a gosto e beber em pequenos copos como aperitivo.

Mistura de chá fortalecedora
Misturar partes iguais de cada uma das sementes de lovage (raiz) e dos topos de alecrim e hissopo. Colocar duas colheres da mistura em 1/2 litro de água, deixar ferver lentamente e deixar em repouso, tapado, para infundir. Verter através de um coador, aromatizar com mel e limão; pode acrescentar 1 dl de vinho tinto. Beber em pequenas chávenas três vezes por dia, mesmo durante um período mais longo.

49 O batedor de ovos gosta de sapinho amarelo

Linho-de-são-joão *Linaria vulgaris*

Admiro os belos cachos de flores amarelas profundas do toadflax principalmente ao longo das estradas, porque é aí que ele gosta de crescer. Em alguns locais, cria coberturas ainda mais contínuas que, pelas suas impressionantes manchas de cor, complementam a beleza da paisagem. Na maior parte das vezes, não resisto e paro por algum tempo, pelo menos, se estiver num ambiente limpo, e assim recolho um pouco, flores individuais ou as copas inteiras. O medicamento mais eficaz para o toadflax é quando os cachos de flores estão apenas a começar a abrir. As suas propriedades medicinais enfraquecem mais tarde. Um método adequado de processamento do toadflax é também a sua tintura ou pomada, como a da calêndula. Até à data, o medicamento de toadflax não foi comercializado.

É uma pena, pois considero o toadflax uma erva muito boa e de ação generalizada, cujos valores não apreciamos suficientemente. Na medicina popular, tem sido utilizada desde a antiguidade para tratar doenças da vesícula biliar, em particular inflamações, nos casos de hepatite, mas também nos casos de algumas doenças do fígado. Suprime bem as dores espasmódicas causadas pelo mau funcionamento dos órgãos internos, como as diarreias e as convulsões induzidas por cálculos renais ou da vesícula biliar. Tem um efeito anti-inflamatório significativo, que é benéfico nos casos de inflamações renais, mas também nos casos de dificuldades de urinar e próstata. O chá de sapinho também é bom para tratar úlceras do estômago e do duodeno, nos casos de azia, o que é benéfico para todo o aparelho digestivo e amolece as fezes.

Quando usada externamente, a decocção forte de toadflax é um bom remédio para lavar os olhos em casos de inflamações, sardas e outras impurezas do rosto. A compressa da droga vaporizada trata defeitos de pele que aparecem nas coxas das mulheres, mais frequentemente na gravidez ou durante mudanças rápidas de peso. Também trata úlceras na parte inferior da perna e hemorróidas.

O Toadflax não tem quaisquer efeitos adversos. Nas doses habituais, podemos utilizá-lo sem preocupações. É, no entanto, melhor aplicado em misturas de chá.

O Toadflax ganhou grande fama na Idade Média, quando foi fabricada uma pomada para tratar as hermorróidas. A receita para a sua produção foi mantida em segredo durante muitos anos. Nas superstições populares, o toadflax também tinha um significado de culto e era utilizado contra a "deterioração".

Chá contra as dores da vesícula biliar e os cálculos renais

Misture partes iguais de cada um dos topos de toadflax e de hortelã bálsamo e de flores de calêndula. Deitar 1/2 litro de água a ferver sobre duas colheres da mistura e deixar em infusão, tapada. Passar por um coador, juntar uma colher de tintura de celandine e beber duas vezes por dia.

Molho de linho

Colocar flores de toadflax frescas amassadas ou droga seca fervida numa pequena quantidade de água num pedaço de tecido, fixar no local afetado e deixar atuar durante muito tempo, repetidamente, na melhor das hipóteses durante a noite. Podemos igualmente utilizar o trevo doce amarelo ou misturar os dois medicamentos.

Pensos para tratar a conjuntivite

Faça uma mistura de chá com partes iguais de cada um dos topos de toadflax e eyebright e flores de camomila. Coloque três colheres da mistura em 1/4 de litro de água, ferva rapidamente e deixe-a coberta para infundir. Embeber um tecido absorvente adequado e esmagar ligeiramente. Aplicar o penso em todo o olho e atá-lo à volta.

50 Não há tristeza para a qual não haja remédio

Manjerona doce *Majorana hortensis*

O majoram doce pertence às minhas especiarias preferidas. Não consigo sequer imaginar a sopa de goulash, alguns molhos, recheios ou carne frita sem ele. Por isso, tenho-a sempre no meu jardim, onde, embora não sirva pela sua beleza, agradará sempre pelo seu aroma. Cultivo-a apenas por prazer, porque a droga da manjerona, que é feita pelos seus topos quando começam a florir, pode ser comprada por toda a gente como uma especiaria numa loja de produtos alimentares.

A propriedade medicinal mais significativa da manjerona é o seu apoio versátil à digestão. Melhora o funcionamento do estômago e do intestino, elimina o inchaço, as diarreias e suprime as dores espasmódicas no abdómen. Com isso, fortalece o organismo de muitas maneiras e actua como afrodisíaco. Tem também fortes propriedades anti-inflamatórias, desinfectantes, diuréticas e indutoras de suor. Também é significativo o seu efeito fortemente calmante sobre o sistema nervoso, pelo que o utilizo em casos de raiva, stress, insónia, enxaqueca, sentimentos de fraqueza e tristeza. Tem um efeito positivo na produção e secreção de leite materno e facilita o curso da menstruação. As sementes de manjerona finamente moídas podem substituir o sal na cozinha numa dieta rigorosa sem sal.

As boas propriedades da manjerona são aplicadas externamente sob a forma de pensos para feridas, como ingrediente em banhos e inalações, nos casos de constipação e asma. No caso da febre dos fenos, ajuda colocar nas narinas uma compressa embebida numa decocção forte de manjerona. O seu aroma agradável também é bem aplicado em aromaterapia e numa almofada de ervas.

Devemos utilizar mais as propriedades medicinais benéficas da manjerona na cozinha. Ao condimentar as refeições com ela, utilizaremos os seus efeitos calmantes e fortalecedores. Mas aplica-se a velha regra de que nada deve ser exagerado.

A manjerona é uma planta antiga e famosa. Segundo os mitos, a deusa do amor e da beleza Afrodite considerava-a um símbolo de alegria. A manjerona chegou ao nosso território vinda de Jerusalém durante as cruzadas. De acordo com o Zodíaco, a manjerona é atribuída a Aquário.

Mistura de chá contra os enjoos de viagem
Misture partes iguais de cada um dos topos de manjerona e sementes esmagadas de cardo mariano e endro. Coloque duas colheres da mistura em 1/2 litro de água, deixe ferver lentamente e deixe coberto para infundir. Verter através de um coador e provar com mel e limão. Leve consigo um frasco de vácuo e beba durante as viagens.

Mistura de especiarias de manjerona
Coloque duas partes de manjerona e de orégãos, adicione cada parte de tomilho, segurelha e manjericão. Moer o mais finamente possível, misturar e utilizar na cozinha para um tempero rico das refeições, e adicionar apenas após o fim do processamento térmico.

51 As malvas apagam o que está a arder

Malva comum *Malva sylvestris*

As malvas pertencem às maiores belezas do reino vegetal. Para além da malva comum, existe também a malva da Maurícia, mais impressionante, e a malva neglecta, muito mais discreta. Todas estas espécies têm praticamente a mesma aplicação medicinal e eu não faço distinção entre elas quando as colho. Apesar do seu nome, encontro a malva comum na natureza selvagem, não em florestas, mas em prados e pastagens. A malva da Maurícia é uma planta cultivada e só aparece em jardins. A Malva neglecta, pelo contrário, aproxima-se das habitações humanas, gosta de crescer ao longo de estradas, muros e em detritos. O medicamento de malva da melhor qualidade é feito a partir das próprias flores, mas por vezes colho folhas jovens, mas apenas durante um dia seco e ensolarado. Também podemos comprar este medicamento nas lojas.

As substâncias mais valiosas contidas nas malvas são as mucosas, que são benéficas em todos os sítios onde as membranas mucosas ou a pele precisam de ser protegidas. O muco cobre-as com uma fina camada protetora, que evita a irritação e acelera a cicatrização. As substâncias são parcialmente destruídas pela fervura, pelo que não fervemos a droga da malva, mas preparamos apenas um macerado morno. O chá de malva é um excelente meio para tratar a angina, a bronquite e a tosse. Também foi comprovado no tratamento de diarreias, em particular nas crianças, mas também de outras doenças vasculares, nos casos de doenças do trato urinário e em todos os tipos de inflamações.

No uso externo, a malva é bem aplicada em gargarejos nos casos de inflamações da boca e como compressas quentes para tratar uma dor de garganta, de preferência à noite. O gargarejo com macerado de malva é usado nos casos de rouquidão da voz e actua como prevenção para oradores e cantores. A lavagem com malva ajuda nos casos de algumas doenças de pele, como feridas húmidas, acne e erisipela.

A malva comum não tem quaisquer efeitos adversos e a sua utilização é adequada também na gravidez, durante a amamentação e também para as crianças. Podemos utilizá-la sozinha, mas também é bem aplicada em várias misturas de ervas.

A malva comum era indicada internamente e já pelos médicos antigos. Desde a antiguidade que tem uma missão mágica - acalma a paixão descontrolada, protege contra doenças e também se afirma que um ramo de malva num vaso em frente a uma porta ou numa janela nos trará de volta o amor perdido. Esta planta deve atuar melhor nas pessoas nascidas no signo do Zodíaco Sagitário.

Xarope contra a tosse das crianças

Ferver dez colheres da mistura de partes iguais de cada uma das flores de malva, verbasco e camomila, folhas de tomilho selvagem e de plátano e raiz de marshmallow em 1 litro de água, em lume moderado, durante cerca de 10 minutos. Verter através de um coador, adicionar 1/4 kg de mel e engrossar numa panela baixa em lume moderado sem ferver. Administrar em colheradas de 1 em 1 ou de 2 em 2 horas.

Mistura de chá para tratar a inflamação do estômago

Misturar partes iguais de cada uma das flores de malva, calêndula e camomila e dos topos de manjericão, yarrow e hipericão. Colocar duas colheres da mistura em 1/2 litro de água morna e deixar macerar durante 1 a 2 horas. Em seguida, aquecer lentamente até ao ponto de ebulição. Reserve e deixe fermentar durante 20 minutos. Verter através de um coador e beber em partes, meia hora antes de cada refeição. Adaptar a dieta à dieta mais básica.

52 Melhorará cada chá com camomila

Camomila *Matricaria recutita*

Se tivéssemos de fazer um inquérito sobre a planta medicinal mais popular, a camomila seria provavelmente a vencedora. Já é conhecida pelas crianças nos jardins-de-infância, é utilizada também por aqueles que não reconhecem as ervas, e é o medicamento mais examinado. Pertence ao conteúdo básico de um kit de primeiros socorros em casa, como, por exemplo, um emplastro ou uma aspirina. A camomila é relativamente frequente na nossa natureza e gosto de a recolher, uma vez que cresce sobretudo em grupos ricos. É mais eficaz imediatamente após o início da floração, quando o medicamento é produzido pelas próprias flores, apenas com um pequeno pedaço de caule. Distingue-se a camomila de outras espécies menos eficazes quando se corta a cabeça da flor, que é oca por dentro. Para uso externo, por vezes recolho também a sua parente camomila selvagem, muito frequente na nossa natureza. Podemos comprar o medicamento camomila e vários produtos dela derivados normalmente numa farmácia ou numa drogaria. A tintura é uma forma prática de utilização da camomila.

A camomila conquistou a sua posição privilegiada entre as ervas pelo seu efeito desinfetante e anti-inflamatório, que é um dos mais fortes de todas as plantas. Podemos utilizá-la como um medicamento versátil para quase todas as doenças e, como ingrediente minoritário, é adequada para praticamente todas as misturas de chá. É mais frequentemente utilizada para tratar dificuldades do estômago e dos intestinos, contra vários espasmos, nos casos de perturbações da menstruação, mas também como calmante. Actua muito bem no organismo de uma criança e eu adiciono-a a todos os chás destinados a crianças. Também podemos adicionar ao leite para bebés para melhorar a digestão.

A camomila também tem muitas aplicações quando utilizada externamente. A decocção forte é utilizada para tratar inflamações, eczema da pele, como gargarejo e também para lavar a boca. Está provado que é possível polvilhar feridas molhadas e queimaduras com pó feito de flores secas. É a base de todas as inalações em casos de gripe, constipação, bronquite, para misturas de vapor e para banhos de ervas.

O óleo essencial de camomila contém azuleno azul, que é popular em cosméticos. A droga seca é também um componente insubstituível na aromaterapia e como ingrediente em almofadas de ervas.

A versatilidade do efeito medicinal da camomila é combinada com a sua total inocuidade. Assim, em doses normais, podemos utilizá-la sem limitações, mas não de forma contínua, pois o organismo habituar-se-ia a ela e os seus efeitos enfraqueceriam progressivamente.

A camomila pertence às plantas medicinais mais antigas e até hoje tem sido popular na medicina popular, bem como na medicina oficial em todo o mundo. Não só cura as pessoas, como também é considerada uma planta "médica". Se adicionarmos um pouco de chá de camomila à água num vaso, as flores durarão mais tempo. Segundo a astrologia medieval, a camomila é amiga da constelação de Leão.

Inalação de ervas

A camomila deve constituir cerca de 1/3 do volume da mistura; os restantes 2/3 devem ser completados com outras plantas adequadas - tomilho selvagem, hortelã-pimenta, erva pulmonar, orégãos, ou topos de mil-folhas, ou marshmallow, malva, coltsfoot, oxlip ou outras ervas de ação semelhante. Colocar dez colheres da mistura em dois litros de água, levar à ebulição, deixar em infusão e inalar sob um pano, alternadamente pelo nariz e pela boca, durante 10 a 15 minutos. Repetir várias vezes ao dia.

Mistura de chá contra os vómitos

Misture partes iguais de flores de camomila, centaury, hortelã-pimenta e cardo de S. Bento. Verter 1/2 litro de água a ferver sobre duas colheres da mistura e deixar em infusão tapada. Verter através de um coador e beber a dose inteira em partes dentro de 3 a 4 horas, sem tomar qualquer outro alimento.

53 O sangue começa a correr quando cheira uma planta de mel

Meliloto comum *Melilotus officinalis*

Tenho uma relação um pouco contraditória com esta erva. Por um lado, admiro a sua beleza; quando cresce e se torna uma cobertura larga e robusta, é como um tapete amarelo num prado verde de um belo campo. Por outro lado, esta erva é um pouco estranha; não é ceifada nem pastoreada, há qualquer coisa nela que exige cuidado. O objeto da coleção são os seus topos, quando começam a florir; só apanho as pontas dos caules com flores das plantas maiores. A recolha compensa. Em pouco tempo, tenho um stock para todo o ano, mas o medicamento também pode ser comprado numa farmácia.

De entre as substâncias contidas no meliloto comum, a cumarina, que reduz a coagulação do sangue, é utilizada em particular. É utilizada como prevenção contra tromboses, inflamações das veias varicosas e perturbações da circulação sanguínea. Também actua positivamente sobre o fígado, contra as dores de cabeça e aumenta a produção de leite materno. É muito bom como prevenção contra o AVC, mas também em condições pós AVC. Os seus efeitos atingem os mais pequenos capilares sanguíneos e o sistema linfático, pelo que também ajuda a combater as "linhas" vermelhas, que aparecem mais frequentemente nas coxas das mulheres.

Os efeitos medicinais da meliotina comum são bem complementados também a nível externo. Como compressa, ajuda de forma excelente nos casos de varizes e tromboses. Sob a forma de pomada ou tintura, é utilizada nos casos de inchaços dolorosos nas articulações, dores reumáticas e úlceras. Os pensos moles actuam muito bem nos casos de problemas com quistos.

As substâncias invulgares contidas no meliot comum actuam fortemente, pelo que é necessário vigiar de perto a sua dosagem, tomar bastante menos do medicamento e utilizá-lo em misturas. Doses mais elevadas podem provocar dores de cabeça, insónias e tonturas. Também não é recomendada a utilização a longo prazo; a sua utilização deve ser interrompida após 7 a 10 dias.

Os efeitos medicinais do meliot já eram utilizados pelos antigos médicos hipocráticos. As suas flores dão às abelhas muito pólen, graças ao qual o melioteiro comum também recebeu o seu nome latino de "planta melífera". As folhas secas de meliotina são um agente antigo e comprovado contra as traças. As nossas avós cosiam-nas em pequenos sacos de tecido fino e colocavam-nos nos guarda-roupas.

Vinho meliot comum
Colocar quatro colheres de meliotina comum em 1 litro de vinho tinto e deixar macerar durante 10 a 14 dias, agitando ocasionalmente. Verter através de um coador e tomar duas vezes por dia em colheradas até consumir toda a quantidade. Utilizar o tratamento no máximo duas vezes por ano.

Pensos para tratar as varizes
Juntar uma parte de cada uma das flores de calêndula e de castanheiro-da-índia a duas partes de melieiro comum. Ferver brevemente uma quantidade adequada das ervas numa pequena quantidade de água, deixar arrefecer tapado e colocar em um pedaço de tecido adequado. Aplicar no local afetado, fazer uma ligadura e deixar atuar durante mais tempo.

54 Um doce amigo para a alegria da vida

Hortelã bálsamo *Melissa officinalis*

Embora esta planta cresça por vezes até se tornar um arbusto alto e rico, é tão modesta que, na maior parte das vezes, nem damos por ela. As suas pequenas flores brancas florescem gradualmente e aparecem de forma esparsa, pelo que toda a planta é pouco atractiva e inadequada como decoração. Apesar disso, vejo-a com bastante frequência nos jardins; muitas pessoas cultivam-na devido aos seus excelentes efeitos medicinais. Eu colho os topos da hortelã bálsamo num clima seco, na melhor das hipóteses durante as tardes frias, já antes das primeiras flores começarem a florescer. Durante a floração os seus efeitos enfraquecem. Gosto do seu agradável aroma a limão e do seu sabor semelhante ao mel, que lhe deu o nome. A hortelã bálsamo é originária do Mediterrâneo e não cresce em estado selvagem na Eslováquia. No entanto, está disponível para todos porque é vendida a granel ou em saquetas de chá.

Com o atual estilo de vida cheio de nervosismo e stress, o papel da hortelã bálsamo é particularmente importante, porque se encontra entre as melhores plantas para acalmar todo o organismo. Ao contrário de outras plantas calmantes, não actua apenas no sistema nervoso e na psique; trata também todos os órgãos do corpo onde ocorreram alterações patológicas devido ao stress. Alivia os espasmos, acalma as palpitações e os órgãos respiratórios e digestivos. Acalma as convulsões nos casos de tosse convulsa, alivia os espasmos do estômago e o inchaço bloqueado, e também ajuda a tratar os vómitos na gravidez. É um excelente sonífero, por isso, em vez de um comprimido para dormir, recomendo uma chávena de chá de hortelã bálsamo, adoçado com mel.

Em aplicações externas, recomenda-se a aplicação de folhas amassadas ou a aplicação de tintura de hortelã bálsamo nas têmporas em casos de dores de cabeça e enxaquecas, e em locais afectados por herpes. Também é bem aplicado em aromaterapia, para vaporização cosmética do rosto ou como ingrediente de banho.

O chá de bálsamo e menta é completamente inofensivo, adequado para a gravidez e durante a lactação, e também pode ser bebido durante muito tempo.

O nome latino da hortelã bálsamo - melissa - vem do grego abelha, porque contém néctar que atrai extremamente as abelhas. Antes do alojamento de uma nova família de abelhas, os apicultores tratavam toda a colmeia com hortelã bálsamo. O produto mais conhecido da hortelã bálsamo é um medicamento versátil "espírito carmelita", que foi fabricado por monges a partir do início do século XVII e que continua a ser fabricado até hoje em alguns locais. De acordo com os astros, a hortelã bálsamo é amiga daqueles que nasceram na constelação de Caranguejo.

Espírito carmelita

Colocar quatro punhados de folhas de hortelã cortadas em bálsamo em 1 litro de brandy. Adicionar a polpa inteira de um limão, 10 gramas de canela moída e de noz-moscada moída e dez cravos-da-índia. Deixar macerar durante 2 a 3 semanas, agitando de vez em quando. Verter através de um coador e beber em pequenos copos como um aperitivo saudável e calmante.

Mistura de chá contra o stress
Colocar duas partes de hortelã e de manjerona, às quais adicionar uma parte de erva de São João e de orégãos. Juntar uma colher de chá de tintura de valeriana ao chá preparado da forma habitual, adoçar com mel a gosto e beber na altura em que for necessário.

55 Talvez o homem forte bebesse chá de hortelã-pimenta diariamente

Hortelã-pimenta *Mentha x piperita*

Esta espécie de hortelã-pimenta pertence às plantas medicinais mais utilizadas e é cultivada em todo o mundo. Reproduz-se bem a partir de rebentos de raízes, tenho muitas delas no jardim onde florescem agradavelmente num canteiro rico e com um agradável aroma a mentol. E é a única que não provém da natureza, mas foi cultivada artificialmente através do cruzamento da hortelã forte com a hortelã-d'água. Com isso, adquiriu novas propriedades, nomeadamente um elevado teor de mentol. Para além disso, a hortelã-brava e a hortelã de folha enrugada, que crescem na natureza, são aplicadas de forma semelhante. As folhas e os topos floridos inteiros são principalmente recolhidos. Todas as espécies mencionadas têm efeitos medicinais semelhantes e podem ser utilizadas da mesma forma, mas a hortelã-pimenta é a mais eficaz e, sendo a única, é vendida a granel, em saquetas de chá e sob a forma de várias preparações.

Graças ao mentol e a outras substâncias activas, a hortelã-pimenta actua fortemente contra os micróbios, o que se manifesta de forma mais acentuada nos casos de dificuldades estomacais. Aumenta o apetite, pára os vómitos e as diarreias, elimina o inchaço, alivia os espasmos do estômago e ajuda nos casos de dores no fígado e na vesícula biliar. Em geral, apoia o organismo e aumenta a aptidão física. Os seus bons efeitos nos casos de frigidez e impotência são conhecidos há muito tempo.

Devido às suas propriedades versáteis, adiciono também um pouco de hortelã-pimenta ao chá diário.

O mentol induz a sensação de frio e dessensibiliza, por isso, no seu uso externo, o macerado de hortelã-pimenta morno e forte é adequado para bochechos e gargarejos nos casos de dores de dentes e dores de gengivas, enquanto torna o hálito mais agradável e limpo. Também é muito bem aplicado como ingrediente em banhos de ervas, inalações e aromaterapia. Sob a forma de pensos, ajuda a tratar borbulhas com comichão, inflamações da pele e dores reumáticas.

A hortelã-pimenta é uma erva muito útil e bem pensada, sem efeitos secundários, mas não é adequada para uma utilização a longo prazo, em especial em doses mais elevadas, porque provoca uma diminuição da sensibilidade do organismo às substâncias activas das ervas.

Foram encontrados vestígios de hortelã-pimenta em antigas sepulturas egípcias datadas do 1° milénio a.C. O seu nome tem origem na mitologia grega, onde o deus do subterrâneo Hades se apaixonou pela ninfa Myntha. Quando a sua mulher soube disso, transformou Myntha numa erva perfumada. Os horóscopos relacionam a hortelã-pimenta com o signo de Touro.

Afrodisíaco para mulheres

Colocar partes iguais de hortelã-pimenta, hissopo e tomilho selvagem em cerca de 1/4 do volume de uma garrafa adequada e encher com vinho tinto e mistura de soda na proporção de 1:1. Deixar macerar durante 2 a 3 semanas, agitando ocasionalmente. Verter através de um coador e beber 1/2 - 1 dl depois do jantar.

Mistura de chá contra o mau cheiro da boca

Misture partes iguais de cada uma das folhas de hortelã-pimenta, de salva e de flores de camomila. Colocar quatro colheres da mistura em 1/2 litro de água, aquecer lentamente, ferver brevemente e deixar em infusão tapada. Gargarejar várias vezes ao dia e enxaguar a boca enquanto engole parte do gargarejo.

56 Um cálice de amargura para todos os estômagos

Figo da Índia *Menyanthes trifoliata*

É uma erva preciosa, rara, e por isso estritamente protegida na nossa natureza. Já comprei o seu medicamento numa farmácia, onde o encontrei pela primeira vez. Lembro-me daquele olhar feliz para um pântano cheio de trifoliatas pitorescas, entre as quais brilhavam as estrelas brancas das flores. As folhas são utilizadas para fins medicinais, mas a recolha na natureza está excluída, pelo que compro este medicamento numa farmácia.

A beleza do feijão-frade não corresponde ao seu sabor. O chá é quase incrivelmente amargo, o que faz com que o feijão-frade esteja entre as ervas mais amargas. As substâncias nele contidas pertencem ao grupo das substâncias amargas mais valiosas, chamadas "amarum puro". O amargor é benéfico para os órgãos internos e isso também se aplica ao feijão buckbean. É bem aplicado em casos de dores de estômago, falta de apetite, cólicas intestinais, hepatite e doenças do fígado. Tem a capacidade de ajustar e normalizar a secreção dos sucos digestivos, pelo que serve excelentemente em caso de excesso ou deficiência dos mesmos. Suprime fortemente as sensações desagradáveis de vómito em caso de neurose do estômago. Em vários casos, verifiquei que é capaz de ajudar também nos casos de doenças crónicas difíceis dos órgãos digestivos. Entre outras boas propriedades do buckbean está o facto de reavivar a circulação sanguínea, apoiar a produção de sangue; a sua utilização é adequada nos casos de todas as doenças do sangue. Acalma e fortalece o organismo e reduz a febre. Também é benéfico em casos de enxaqueca, stress, febre, aumento da atividade da glândula tiroide e dores menstruais.

O feijão-de-corda é uma planta forte, que também pode ser utilizada sozinha, mas deve ser doseada com cuidado. Utilizamo-lo mais frequentemente como ingrediente em misturas de chá amargo. O chá de fava-de-bode e as misturas que o contêm não são adequados para uma utilização a longo prazo e excluímos completamente a sua utilização durante a gravidez.

Na antiguidade, o feijão-frade era considerado venenoso. Só apareceu entre as ervas medicinais na Idade Média, como remédio contra o escorbuto. Uma vez que tem folhas trifoliadas, como o trevo vermelho, também era chamado "trevo de água" e "planta da lua", o que estava relacionado com o facto de ser utilizado na medicina popular para aliviar as dores durante a menstruação, chamadas luas.

Mistura de chá após irradiação
Para a modificação da produção de sangue após a irradiação e a quimioterapia, preparamos um chá com duas partes de folhas de feijão-frade, às quais adicionamos uma parte de manjericão, urtiga e centáurea comum. Deita-se 1/2 litro de água a ferver sobre duas colheres da mistura e deixa-se cozer tapado. Verter através de um coador e beber durante 10 a 14 dias.

Mistura de chá para tratar o nervosismo estomacal
Misture partes iguais de cada uma das folhas de figo-da-índia, centaury comum, erva de São João e hortelã-pimenta. Adicionar uma colher de chá de tintura de valeriana ao chá preparado da forma habitual e beber durante vários dias.

57 Beleza, fragrância, sabor e saúde num único vaso de flores

Manjericão *Ocimum basilicum*

O manjericão é o meu preferido; há anos que o cultivo à janela, num vaso de flores, onde me dá um aroma agradável durante todo o ano e o tenho sempre disponível como especiaria aromática. Acrescento uma folha de manjericão fresco a algumas sopas, molhos e saladas. Podemos decorar sanduíches com ele de uma forma interessante, pois cresce constantemente novos rebentos, o que prolonga substancialmente o tempo de floração. No decurso de um ano, podemos cortá-lo duas ou três vezes e, de cada vez, ele cresce ricamente. O manjericão não cresce em estado selvagem na Eslováquia, mas é vendido em lojas de produtos alimentares como especiaria e em farmácias como medicamento.

As propriedades medicinais do manjericão são versáteis. Esta erva não é utilizada para tratar um problema específico; a sua capacidade de suprimir as dores de espasmo é utilizada com mais frequência. As pessoas que sofrem de espasmos com mais frequência devem também beber chá de bálsamo diariamente como prevenção. É aplicado nos casos de doenças de estômago causadas por medicamentos. Outros efeitos benéficos do bálsamo são o apoio à produção de leite materno, nos casos de insónia, enxaqueca, diarreia, inchaço e doenças brônquicas.

O macerado forte e morno de manjericão é utilizado topicamente para lavar feridas sépticas e de difícil cicatrização; é também adicionado aos banhos para refrescar e acalmar o organismo. O manjericão é muito bem aplicado em aromaterapia; recomenda-se a inalação das suas substâncias essenciais em caso de cansaço mental.

O manjericão é uma erva boa e fina, em que não aparecem efeitos secundários; também podemos usá-lo sozinho. Apelo a um aumento da sua utilização, em particular na cozinha; adicionamo-lo às refeições cozinhadas sempre depois de terminado o processamento térmico.

Desde a antiguidade que o manjericão é utilizado como especiaria, planta decorativa e medicinal, mas também como forragem para cavalos. Segundo uma história popular, o manjericão cresceu junto à sepultura de Jesus após a sua ressurreição. Algumas igrejas orientais preparam água benta a partir dele e colocam-na junto aos altares em recipientes. Os seus efeitos, de acordo com um herbário medieval, devem apoiar a influência da constelação de Escorpião.

Chá antiespasmódico

Preparamo-lo a partir de uma mistura de partes iguais de cada um dos topos de manjericão, erva-prateada, hortelã-pimenta, hortelã-bálsamo e orégãos. Deita-se 1/2 litro de água a ferver sobre duas colheres da mistura e deixa-se cozer tapado. Deite uma colher de chá de tintura de valeriana no chá coado. Beber em partes durante 2 a 3 horas.

Vinho para os cansados

Adicionar uma colher de cada um dos topos de hissopo e de hortelã-pimenta a quatro colheres de topos de manjericão seco. Verter 0,7 litros de vinho branco sobre a mistura e deixar macerar durante 7 a 10 dias. Filtrar, aromatizar ricamente com mel e beber em pequenas chávenas após os pratos principais.

58 Elixir de reforço para pensar bem

Orégãos *Origanum vulgare*

Quando os orégãos começam a florescer, o verão atinge o seu clímax e aproxima-se o fim da estação das ervas medicinais. O orégão é frequente na natureza eslovaca; admiro a sua beleza em prados abertos, encostas soalheiras e clareiras florestais. Devido ao seu tamanho e às suas flores visíveis, não o podemos ignorar, embora cresça frequentemente em coberturas ricas. Apesar de podermos comprar orégãos como medicamento ou como uma especiaria bem conhecida, eu colho-os todos os anos porque aparecem frequentemente e a sua colheita é premiada. A droga é feita pela parte superior do topo florido, quando as primeiras flores apenas começam a abrir.

De entre os vários efeitos benéficos dos orégãos, o mais frequentemente utilizado é a sua capacidade de limpar o muco dos pulmões e de ajudar em caso de tosse seca e convulsa forte, catarro crónico e outras doenças brônquicas. Utilizo frequentemente o seu excelente efeito no sistema nervoso. Os orégãos acalmam e, nessa utilização, também substituem parcialmente a valeriana; em geral, fortalecem o organismo e melhoram a circulação sanguínea. O chá de orégãos tem efeitos desinfectantes; é bom para o estômago, contra o inchaço, regula as fezes e acaba com as diarreias. Tem fortes efeitos antiespasmódicos, que foram comprovados nas mulheres; alivia os espasmos menstruais, torna a menstruação regular e induz a menstruação quando esta não vem. É também benéfico para o coração, melhora o fluxo sanguíneo e serve como meio auxiliar em caso de angina de peito.

O orégão é um ingrediente bom e frequente para banhos de ervas, onde fortalece todo o organismo, o que foi comprovado em crianças fracas. Nesta forma, também ajuda a tratar doenças reumáticas e da pele. É um ingrediente muito bom para misturas de inalação em caso de constipação e gripe.

Os orégãos são uma erva comprovada e inofensiva, que recomendo que seja utilizada também de forma preventiva, no vinho e no álcool, mas, na melhor das hipóteses, como especiaria. Os seus efeitos fortalecedores e de melhoria do humor não devem ser exagerados porque podem virar-se contra nós.

Os orégãos como medicamento têm sido utilizados por todos os médicos famosos desde a antiguidade. Já o seu nome indica que se trata de uma espécie de manjerona não genuína. O seu efeito muito bom sobre o sistema nervoso e a melhoria do humor reflectiram-se no seu nome checo - dobromysl (boa mente).

Vinho de orégãos
Coloque 50 g de orégãos frescos cortados, vários cravos-da-índia e um pedaço de canela em 1 litro de vinho branco seco. Deixar macerar durante 2 a 3 semanas, verter através de um coador, adicionar uma colher de mel e beber em chávenas antes de dormir para um efeito calmante geral.

Mistura de chá para induzir a menstruação
Prepare-o a partir de partes iguais de cada um dos orégãos, celandine maior, yarrow, salsa e folhas de manto de senhora. Beber o chá preparado da forma habitual durante vários dias.

Mel de orégãos
Moer os orégãos secos até obter um pó fino, misturá-lo com mel quente até obter uma mistura semelhante a um creme e colocá-lo num recipiente adequado. Tomar duas vezes por dia, em colheres de chá, entre as refeições, contra a tosse e em caso de problemas respiratórios.

59 Sol de verão numa pequena flor vermelha

Papoila do campo *Papaver rhoeas*

Gosto de observar a beleza da papoila do campo, esse símbolo vermelho do verão quente. Aparece sobretudo nas orlas dos campos de cereais, mas graças à capacidade de germinação incrivelmente longa das suas sementes, mesmo após vários anos aparece em massa num grande campo não utilizado e cria uma fantástica superfície vermelha. As suas pétalas frágeis caem facilmente e murcham rapidamente, pelo que não as podemos guardar num vaso. A beleza da papoila do campo inspira os artistas há muito tempo, que gostam de a representar em pinturas e bordados. A droga medicinal é feita de pétalas de flores, que recolho num dia seco e soalheiro, por volta do meio-dia. Devem ser espalhadas numa grande área, uma a uma, para que não fiquem amassadas e assim mantenham a sua cor vermelho-escura mesmo depois de secas. Este medicamento não pode ser comprado, pelo que faço o meu próprio stock todos os anos. Considero as sementes da sua conhecida parente papoila do ópio um alimento saudável, mas não utilizo essa cultura agrícola para fins medicinais.

A principal aplicação medicinal da papoila do campo é o seu efeito calmante, que se manifesta mais fortemente nos órgãos respiratórios. Ajuda nos casos de angina, asma brônquica e bronquite. Com as suas propriedades, também é adequada em casos de outras doenças, em que o alívio dos órgãos do corpo é uma das condições de tratamento. Actua como um agente sonífero adequado, também comprovado em crianças. Gosto de adicionar pétalas de papoila a muitas misturas de chá, não só devido aos seus efeitos calmantes, mas também para melhorar o seu aspeto.

Quando se utilizam as flores de papoila do campo, não aparecem efeitos secundários. Nas doses habituais, podemos utilizá-las sem preocupações, mesmo em pediatria e geriatria.

A papoila do campo é conhecida desde 3 milénios antes de Cristo. Devido aos seus efeitos ligeiramente narcóticos, os sumérios chamavam-lhe "planta da alegria". O seu nome científico, derivado da palavra papa - papa de criança - é de origem celta e provém do facto de a sua seiva ser adicionada às refeições das crianças, para que dormissem bem. De acordo com o Zodíaco, a papoila do campo é uma planta de Leão.

Mistura de chá contra as insónias

Misturar partes iguais de cada uma das flores de papoila do campo, erva de S. João, hortelã bálsamo e topos de manjerona e lúpulo. Deite 1/4 de litro de água a ferver sobre uma colher da mistura e deixe-a coberta para fermentar. Passar por um coador, adoçar com mel e beber duas vezes - depois do jantar e antes de dormir.

Chá dos brônquios
Misturar partes iguais de cada uma das flores de papoila do campo, malva comum, verbasco e tília e dos topos de marshmallow. Colocar duas colheres da mistura em 1/2 litro de água, aquecer lentamente até ao ponto de ebulição, reservar e deixar em infusão. Deita-se num coador, aromatiza-se com mel e usa-se às colheradas durante todo o dia.

60 Nove poderes medicinais de uma única folha

Caruncho *Petasites hybridus*

Os meus primeiros passeios de início de estação herbácea estão ligados ao carrapicho. Imediatamente após o desaparecimento da neve, à volta dos riachos e nas zonas húmidas, começam a explodir literalmente do solo pequenas protuberâncias de butterbur. São muito bonitas nestas fases e pertencem às primeiras decorações do despertar da natureza. Só utilizo plantas com flores cor-de-rosa para fins medicinais. Não utilizo a butterbur branca relativa com flores amareladas. A parte mais eficaz do carrapicho é a raiz, mas é difícil extraí-la, por isso colho flores e folhas, que têm apenas efeitos um pouco mais fracos. Recolho as flores imediatamente, quando elas se destacam bem do solo. Recolho as folhas muito mais tarde, mas antes de atingirem as suas grandes dimensões. A raiz de butterbur também pode ser comprada em lojas especializadas.

O chá de carqueja purga o sangue, por isso é bem aplicado nos casos de doenças de pele. Também é usado como diurético e indutor de suor, além de tosse e rouquidão, e para aliviar ataques epilépticos. Actua como agente antiespasmódico em caso de menstruação, dores de estômago, órgãos urinários e vesícula biliar.

As folhas frescas de butterbur contêm substâncias desinfectantes e cicatrizantes. É por isso que são muito boas para pensos aplicados nas articulações em caso de dores reumáticas, para tratar várias doenças de pele, veias inflamadas, inchaços, distensões e outras dores musculares. No caso da psoríase, impedem a formação de escamas.

Utilizamos a butterbur sobretudo externamente porque o seu cheiro desagradável é um obstáculo e foram encontradas substâncias ligeiramente cancerígenas, pelo que a sua utilização interna é limitada a 10 - 15 % do volume de uma mistura de chá.

A carqueja é uma das ervas mais famosas, mas atualmente esquecida. Já nos tempos antigos era utilizada durante as epidemias de peste e era chamada de "raiz da peste". As folhas da carqueja pertencem às maiores da nossa natureza. E foi o seu tamanho acima da média que deu à planta o seu nome latino petasos - chapéu de sol.

Mistura de chá para tratar a epilepsia
Colocar uma colher de raiz de petasite esmagada em 1/2 litro de água morna e deixar macerar durante a noite. De manhã, ferver durante 10 minutos em lume moderado, adicionar uma colher da mistura de partes iguais de hortelã, centauro comum e absinto, reservar e deixar tapado para arrefecer. Verter através de um coador, adicionar uma colher de chá de tintura de valeriana e beber em partes duas ou três vezes por dia, mas não durante muito tempo.

Molho de pimentão
Colocar folhas jovens e sumarentas, mas já suficientemente grandes, de carqueja numa tábua de cozinha e martelá-las com um martelo. Colocá-las no local dorido em duas camadas, cobrir com um tecido adequado e fazer uma ligadura. Deixar atuar durante várias horas, na melhor das hipóteses durante a noite.

61 Comida, medicina e beleza não só para os índios americanos

Feijão comum *Feijão vulgar*

O feijão comum faz parte dos nossos alimentos básicos; por vezes chamamos-lhe o alimento dos pobres, porque nos tempos de guerra e de pobreza era o alimento mais disponível. Ainda hoje o vejo em quase todos os jardins. Aqueles que por vezes reparam no feijão alto e bem crescido devem admitir que as suas flores, com uma paleta de cores que vai do branco, passando pelo ping, até ao vermelho intenso, são uma verdadeira decoração. O pericarpo das vagens de feijão sem feijão é utilizado para fins medicinais. Uma vez que o teor de substâncias activas no pericarpo muda no momento da maturação, recolho-o quando as vagens já estão maduras e as sementes podem ser retiradas, mas o pericarpo ainda está suculento. Todos os anos faço um stock deste medicamento porque, na maior parte dos casos, não pode ser comprado.

O maior valor do pericarpo do feijão colhido na altura certa é o elevado teor de "insulina vegetal", devido ao qual é um componente básico dos chás contra a diabetes. Também podemos utilizá-lo sozinho; numa mistura com ervas de ação semelhante, como o mirtilo e a arruda de cabra, o seu efeito é reforçado. O feijão comum também tem propriedades diuréticas; por isso, adiciono-o às misturas de chá nos casos de várias dificuldades urinárias e renais, em particular quando se formam areia e pedras nos órgãos urinários. É também muito adequado nos casos de uremia - um elevado teor de ácido úrico no sangue. Com as suas propriedades diuréticas, o feijão comum também ajuda nos casos de dificuldades reumáticas, gota, hidropisia, distúrbios metabólicos da função cardíaca e tensão arterial elevada.

O feijão cru é tóxico, pelo que só pode ser utilizado depois de cozido. A toxicidade perde-se com isso e torna-se uma planta fiável e segura, que não tem quaisquer efeitos adversos e pode ser usada também sozinha e durante muito tempo.

O feijão é uma antiga planta dos índios da América do Sul. Foi importado para a Europa no início do século XVI e era utilizado principalmente como planta de decoração. Quando as pessoas descobriram o seu gosto como alimento, em pouco tempo tornou-se tão popular que começaram a ser organizadas as famosas festas do feijão.

Mistura de chá contra a diabetes

Colocar uma colher de pericarpo de feijão em 1/2 litro de água e ferver lentamente durante 10 minutos. Adicionar uma colher da mistura de partes iguais de cada uma das folhas de mirtilo e dos topos de arruda de cabra, reservar e deixar em infusão tapada. Passar por um coador e beber três vezes por dia.

Mistura de chá contra a uremia
Preparamos o chá de acordo com a receita anterior, só que em vez de mirtilo e arruda de cabra, adicionamos uma colher de mistura de partes iguais de goldenrod e cavalinha ao pericarpo de feijão cozido.

62 Quando afiares uma faca, procura a erva-das-costelas banana-da-terra

Plantago lanceolata *Plantago lanceolata*

Desde a minha infância que conheço as propriedades medicinais da planta da ribeira. Lembro-me dos contos de fadas em que os animaizinhos tratavam as suas feridas prendendo uma folha de bananeira. A banana-da-terra pertence às plantas mais difundidas na Terra. Também é frequente na natureza eslovaca, juntamente com as espécies aparentadas do plátano de folha larga e do plátano de capoeira. As três plantas diferem apenas pela forma das suas folhas e têm efeitos medicinais semelhantes. Para uso externo, prefiro as folhas grandes da bananeira de folha larga, que recolho imediatamente quando crescem até ao seu tamanho. As folhas da banana-da-terra são o medicamento para uso interno. Podemos comprar este medicamento e produtos derivados também numa farmácia.

Talvez os animaizinhos dos contos de fadas soubessem que a banana-da-terra pertence a ervas muito boas. Juntamente com a milefólio, é o melhor remédio à base de plantas para as feridas. Contém substâncias que destroem as bactérias e os vírus, por isso as feridas cicatrizam rapidamente depois de a banana-da-terra ser fixada. A seiva fresca das folhas ajuda a tratar queimaduras, inflamações nos olhos, picadas de insectos, e também podemos pingá-la num ouvido em caso de dores e inflamações.

A banana-da-terra é também importante na prática para uso interno. O chá ou a seiva fresca ajudam a combater a tosse, nos casos de brônquios mucosos, e tem sido muito bem comprovado em crianças. Também ajuda a tratar catarros do estômago e dos intestinos e a quantidade excessiva de ácido gástrico. Aplica-se nos casos de dificuldades da vesícula biliar, e para a purga do sangue e das vias urinárias.

A banana-da-terra é uma erva completamente inofensiva, que também pode ser utilizada permanentemente. Não causa quaisquer problemas mesmo em caso de sobredosagem, mas o seu efeito não aumenta com doses mais elevadas.

A banana-da-terra era utilizada para fins medicinais já na antiguidade; era utilizada para diminuir a febre, mas também era colocada em sapatos contra dores nos pés. Quando os pioneiros descobriram a América, trouxeram consigo a banana-da-terra, que foi chamada pelos índios americanos de "o rasto do homem branco". As suas sementes pegajosas foram disseminadas nos sapatos e nas rodas das carroças e, em pouco tempo, cresceram em quase todo o lado.

Sumo de banana-da-terra
Esmagar as folhas frescas num espremedor de ervas ou misturá-las com um pouco de água e filtrá-las através de um tecido fino. Adoçar a seiva morna com mel e beber, em jejum, em pequenas chávenas.

Mistura de chá para tratar a hepatite
Misturar partes iguais de cada uma das folhas de bananeira, agrimónia, cavalinha e absinto, chicória e raiz de dente-de-leão. Colocar duas colheres da mistura em 1/2 litro de água morna e deixar macerar durante doze horas. Em seguida, ferva a mistura e deixe-a coberta para fermentar. Passar por um coador, juntar uma colher de tintura de celandine maior e beber o chá quente em pequenas doses durante todo o dia.

Xarope de banana-da-terra
Moer 1 kg de folhas frescas de banana da ribeira numa picadora e adicionar 1 litro de água. Ferver em lume brando durante 10 minutos. Verter através de um coador grosso e adicionar 1/2 kg de açúcar escuro e de mel. Deixar engrossar num recipiente plano. Em caso de tosse forte, tomar uma colher de hora a hora.

63 Quando se procura a saúde, repare-se também na alimentação das aves

Erva-dos-nós *Polygonum aviculare*

Considero esta erva omnipresente como a menos notória de entre as minhas ervas. Apesar disso, penso que a erva-dos-nós está muito perto de nós e gosta de crescer num solo compactado, em todos os locais onde as pessoas mais andam - ao longo das estradas e passeios; poucas pessoas reparam nela, sem saberem o grande valor medicinal que estão a perder. Recolho as suas copas de maio até ao outono, num dia seco, quando está em plena floração, mas num local limpo e mais distante. Conhecemos várias espécies de ervas daninhas. Todas elas são muito parecidas e têm os mesmos efeitos medicinais, por isso é indiferente qual delas encontramos. Faço um stock mais pequeno deste medicamento, porque só raramente pode ser comprado.

Já o nome desta erva sugere que, desde há muito tempo, a erva-dos-nós é utilizada para parar hemorragias. Mas é uma erva medicinal versátil, que serve para muitos outros fins. No meu consultório, utilizo principalmente os seus efeitos contractores nos casos de catarros do estômago e dos intestinos, diarreias e outras doenças do aparelho digestivo. Tem efeitos diuréticos; purga o sangue e ajuda a dissolver os cálculos urinários. Pelo seu efeito diurético é benéfico nos casos de reumatismo e diabetes. Liberta o muco e actua de forma curativa nos órgãos respiratórios. Adiciono-a em misturas de chá no caso de várias doenças femininas, principalmente nos casos de hemorragias menstruais fortes e corrimento branco.

O chá forte de knotgrass é utilizado externamente para lavar feridas húmidas e de difícil cicatrização, nas quais se podem aplicar os topos inteiros amassados. Uma boa forma de o utilizar é também em pó, com o qual se polvilham as feridas.

Não são conhecidos efeitos adversos na utilização da erva-dos-nódoas; em doses terapêuticas, pode também ser utilizada isoladamente, sem qualquer limitação.

Na antiguidade, a erva-dos-nós era utilizada nomeadamente para estancar as hemorragias. O seu nome, derivado da palavra latina avicularis - popular entre as aves - foi criado pelo facto de as suas pequenas sementes serem um bom alimento para várias espécies de aves no outono.

Mistura de chá para a dissolução de cálculos renais

Misture partes iguais de cada um dos topos de knotgrass, cavalinha e goldenrod e de restharrow e raiz de dente-de-leão. Aqueça lentamente duas colheres da mistura em 1/2 litro de água até ao ponto de ebulição, depois reserve e deixe em infusão durante 20 minutos. Beber uma chávena de chá sem açúcar várias vezes por dia durante 3 a 4 semanas, interrompendo depois a sua utilização por igual período.

Chá de purga versátil

Para uma desintoxicação preventiva do organismo, uma vez por ano, na melhor das hipóteses no final do inverno, fazer uma tisana com partes iguais de cada um dos topos de erva-doce, urze e cavalinha e da raiz de chicória comum. Preparar a mistura de chá como na receita anterior. Beber durante 2 a 3 semanas.

64 A saúde também pode ser encontrada num pasto de gansos

Erva-prateada *Potentilla anserina*

A erva-prateada aparece na natureza eslovaca com bastante frequência, mas se não fossem as suas flores amarelas, fáceis de notar, provavelmente não repararíamos nela, uma vez que as suas folhas se fundem com o verde do prado. Gosta de crescer em locais soalheiros à volta das habitações. Cria frequentemente coberturas ricas, pelo que a sua recolha é rápida e confortável. Reconhecemo-la de forma fiável pelo facto de, quando levantamos a sua folha, esta ser prateada na parte inferior. Recolho as folhas da erva-prateada quando aparecem as suas primeiras flores; raramente recolho a sua raiz no início do outono. Embora a minha necessidade de erva-prateada não seja elevada, tenho sempre um stock mais pequeno para o caso de ser necessário, uma vez que este medicamento não é vendido.

Na medicina popular, a capacidade da erva-prateada para aliviar espasmos é utilizada há muito tempo. O chá de Silverweed ajuda em caso de menstruação longa e dolorosa menstruação longa e dolorosa, dores espasmódicas do estômago e dos intestinos, nos casos de convulsões causadas por cálculos na vesícula biliar ou nos rins. A Silverweed tem uma aplicação mais vasta; melhora a digestão, ajuda nos casos de estômago demasiado ácido e diarreias; melhora a função cardíaca, pára as hemorragias e é benéfica nos casos de inflamações dos órgãos urinários.

O efeito de contração da erva-prateada mostra-se bem também externamente em banhos de assento nos casos de hemorróidas. Enxaguamos a boca com uma decocção forte para tratar inflamações e periodontite. A raiz em pó é utilizada para polvilhar feridas difíceis de sarar.

Entre uma série de boas propriedades da erva-prateada está também o facto de ser completamente inofensiva, o que dá uma oportunidade para a sua aplicação mais ampla em chás medicinais e preventivos.

O nome da silverweed deriva do facto de gostar de crescer em locais onde os gansos pastam. Durante a Primeira Guerra Mundial, quando havia uma grande carência de medicamentos, o pó da sua raiz foi utilizado para curar feridas que sangravam, tendo mesmo sido sugerido que se tornasse uma parte obrigatória dos kits de primeiros socorros das enfermeiras.

Pomada para tratar as dores musculares
Misturar partes iguais de folhas de erva-prateada frescas cortadas e de raiz de consolda fresca moída. Misturar e aquecer brevemente numa quantidade adequada de banha de porco. Aplicar morno no local dorido, fazer uma ligadura e deixar atuar durante mais tempo.

Mistura de chá para tratar a inflamação do intestino grosso
Misturar partes iguais de cada um dos topos de silverweed e agrimónia comum, raiz de marshmallow e flores de camomila. Aquecer lentamente duas colheres da mistura em 1/2 litro de água até ao ponto de ebulição e deixar macerar durante 20 minutos. Passar por um coador e beber três vezes por dia, em terços da quantidade, entre as refeições.

65 Não há primavera sem prímulas

Prímula *Primula veris*

Para mim, as belas prímulas são o símbolo da primavera. Trazemos as suas flores amarelas douradas e agradavelmente perfumadas dos primeiros passeios de primavera. Ocasionalmente, são vendidas por mulheres no mercado. As prímulas são ainda abundantes nas florestas e prados eslovacos, mas já estão protegidas na República Checa, pelo que a sua recolha deve ser limitada apenas na medida do necessário e as suas raízes não devem ser danificadas. O parente oxlip é muito semelhante, diferindo apenas na tonalidade da cor da flor; por vezes, ambos os tipos são cruzados, pelo que é difícil distingui-los. Mas isso não é muito importante para mim porque o seu uso medicinal é igual. Vários cultivares de prímula de jardim não são adequados para esse fim. Também podemos comprar o medicamento, que é feito a partir das flores com o cálice, mas raramente das folhas ou da raiz.

A prímula contém uma substância chamada saponina, que actua de forma benéfica nos órgãos respiratórios. Dilui o muco e permite a sua expulsão, suprime a tosse, ajuda nos casos de asma, gripe e constipação. Os seus efeitos calmantes são outra boa propriedade, pelo que é utilizada nos casos de neurose, insónia, dores de cabeça, enxaqueca e actua também como um tónico cardíaco ligeiro. Tem também efeitos diuréticos e ajuda a desintegrar cálculos urinários.

A flor de prímula é um ingrediente frequente em misturas de inalação e banhos de ervas nos casos de doenças nervosas, reumáticas, acidentes vasculares cerebrais e outras doenças, onde é utilizada a sua capacidade de acalmar o organismo também a partir do exterior. As folhas podem ser utilizadas como ingrediente em pomadas cicatrizantes para feridas ou pensos em caso de dores nas articulações.

Não usamos a prímula por si só, pois pode provocar náuseas e vómitos. Mas usamo-lo sem preocupações em chás de acordo com receitas comprovadas, onde constitui apenas uma pequena parte da mistura.

O nome latino da prímula deriva de primus - primeiro - e ver - primavera - o que significa que pertence às primeiras flores da primavera. De acordo com uma história popular, a prímula crescia no local onde São Pedro guardava as suas chaves e, por isso, é também chamada "erva Pedro" ou "flor-chave". Este nome também aparece noutras línguas estrangeiras, por exemplo, em checo, alemão e francês. Segundo a astrologia, as prímulas destinam-se às pessoas nascidas nos signos de Carneiro e Balança.

Chá dos brônquios
Juntar duas partes de copas de hera moída e uma parte de cada uma das flores de coltsfoot e de violeta e de copas de lungwort comum a duas partes de flores de prímula. Verter 1/2 litro de água a ferver sobre duas colheres da mistura e deixar coberto para fermentar. Passar por um coador, adoçar bem com mel e beber em pequenas quantidades durante todo o dia.

Banho para tratar as dores de cabeça
Misture partes iguais de flores (folhas) de prímula e topos de alecrim e alfazema. Ferva quatro punhados da mistura em dois litros de água, deixe-a coberta para fermentar e verta-a através de um coador para o banho.

66 A salvação de Deus em flores negras

Auto-Cura *Prunella vulgaris*

As autocéfalas pertencem a ervas que, apesar de não serem atraentes, são capazes de conquistar o nosso favor. Ao longo da estação, vou colher ervas num prado rico e tenho de admitir que é mais bonito na altura em que floresce com as auto-caldas violeta-escuras, embora haja muitas outras ervas que aí crescem. Só podemos apreciar a beleza da auto-cura quando olhamos mais de perto para as suas flores. O seu parente, a autocura grande, é um pouco mais robusto; as duas espécies cruzam-se por vezes, pelo que é difícil distingui-las. Mas são completamente iguais para fins medicinais, pelo que não faço distinção entre elas na coleção. Recolho os seus topos floridos todos os anos durante o verão, porque este medicamento não é vendido, mas sempre na fase de plena floração. Podemos adicionar folhas jovens de auto-cura em saladas de vitaminas de ervas.

O poder medicinal escondido na cabeça da flor tem fortes efeitos curativos e desinfectantes, semelhantes aos da banana-da-terra e do milefólio. A decocção forte é utilizada como gargarejo em caso de inflamação da garganta, da boca ou das gengivas e também para vaporizar em caso de inflamações no rosto e na cabeça. Também podemos utilizá-la sozinha para estes fins. Em particular, a combinação com salva, hissopo e camomila é boa. O pó dos topos secos finamente moídos servirá bem para curar feridas. As folhas auto-cicatrizantes podem ser colocadas em feridas cortadas, que depois cicatrizam bem, tal como acontece quando se usa banana-da-terra e mil-folhas.

Em uso interno, o self-heal é um bom ingrediente para todo o tipo de doenças inflamatórias. Foi comprovado por mim em chás para doenças femininas, aumenta a coagulação do sangue, e também é bom para o tratamento de diarreias e catarros do estômago e intestinos.

A simpatia que sinto pela auto-cura é também confirmada pelo facto de, numa utilização normal, não ter quaisquer efeitos desagradáveis. Mas a sua utilização a longo prazo não é recomendada.

O autocura não tinha sido introduzido na prática medicinal até ao século XVI, quando serviu como um meio contra as inflamações da garganta. Pertencia também às melhores ervas medicinais para a cura de feridas de qualquer tipo, pelo que o famoso herborista Matthioli lhe chamou "a salvação de Deus". O autocura tem vários nomes populares, dos quais o mais revelador é "colmeia de abelhas", derivado da forma das suas flores.

Mistura de chá para tratar a inflamação dos ovários

Misturar partes iguais de cada uma das flores de camomila, de manto de senhora, de carqueja branca, de yarrow e de camomila. Deitar 1/2 litro de água a ferver sobre duas colheres da mistura e deixar macerar tapado. Passar por um coador e beber em goles durante todo o dia. Completar o tratamento com banhos de assento de manto de senhora e de camomila.

Pó para tratar feridas

Juntar uma parte de cada um dos topos de silverweed e das folhas de plátano a duas partes de topos secos de auto-cura. Moemos a mistura o mais finamente possível até se transformar em pó e polvilhamos com ele as feridas difíceis de sarar e húmidas.

67 Quando estiveres sem fôlego, recolhe rapidamente a erva pulmonar

Erva pulmonar *Pulmonaria officinalis*

Todos os anos espero ansiosamente por uma floresta primaveril, ricamente florida com lungwort. Admiro a paleta de cores de tons rosa e violeta das suas belas flores. A erva pulmonar é frequente nas florestas e bosques eslovacos, pelo que esta experiência é acessível a toda a gente. A recolha da erva pulmonar é fácil, uma vez que cresce densamente e em locais limpos. Eu apanho os caules floridos inteiros, mas também se podem apanhar só as folhas quando estão suficientemente crescidas. Quem não conseguir apanhar esta beleza primaveril pode comprar o medicamento numa farmácia.

O nome lungwort sugere que se trata de uma erva para os pulmões. O chá das suas flores ajuda nos casos de todas as doenças dos pulmões e dos órgãos respiratórios - pneumonia e bronquite, asma, tosse, tosse com sangue e pulmões mucosos. Particularmente adequada é a sua aplicação no tratamento de problemas pulmonares crónicos em pessoas idosas. Para este efeito, é melhor utilizar a erva-do-pulmão em combinação com outras plantas de ação semelhante. Isto melhora o efeito curativo e também alivia algumas propriedades desagradáveis da erva pulmonar. Para além da sua eficácia no tratamento de doenças pulmonares, também actua de forma curativa nas membranas mucosas dos órgãos digestivos e também tem efeitos anti-inflamatórios e diuréticos ligeiros.

Os efeitos curativos da erva-do-pulmão também se manifestam bem no seu uso externo, na lavagem de feridas e na sua utilização como ingrediente para banhos. A decocção forte de artemísia é também um bom gargarejo nos casos de dores de garganta e um agente para bochechos nos casos de aftas, pequenas úlceras e inflamações das gengivas.

Os alcalóides perigosos estão contidos na erva pulmonar em baixas concentrações, pelo que a utilizamos internamente apenas durante um curto período de tempo, no momento da necessidade, doseamos cuidadosamente e preferimos a sua utilização em misturas.

A erva pulmonar é uma planta medicinal jovem; só começou a ser utilizada no século XVI. O nome latino da erva pulmonar - pulmeo - pulmões - deriva da sua principal aplicação no tratamento da pneumonia e de inflamações de outros órgãos respiratórios. No século XIX, a decocção de pulmão foi utilizada como agente contra a tuberculose. De acordo com a astrologia medieval, a erva pulmonar está ligada ao signo de Peixes.

Chá do peito
Misturar partes iguais de cada um dos topos da erva-do-pulmão, da cavalinha e da erva-nó, bem como das folhas do coltsfoot e da ribwort. Deita-se 1/2 litro de água a ferver sobre duas colheres da mistura e deixa-se cozer tapado. Passar por um coador, aromatizar o chá com mel e beber várias vezes ao dia, em partes, entre as refeições.

Óleo de pulmão para os lábios
Colocar cinco colheres de sopa de ramos de artemísia recém-cortados em 1/4 de litro de azeite virgem ou de óleo de girassol. Aquecer bem em lume brando e deixar em infusão durante 24 horas. Coar finamente ou filtrar e guardar numa garrafa escura num local frio. Esfregar o óleo nos lábios secos e gretados.

68 Uma árvore bela e forte no papel de cicatrizadora de feridas

Carvalho comum *Quercus robur*

Esta árvore bela e robusta tornou-se um dos símbolos dos eslavos, porque pertence aos dominantes do reino das plantas. Os carvalhos mais robustos atingem alturas até 40 m. É difícil descrever a sensação de majestade que se tem quando se caminha numa floresta de carvalhos, rodeado por estas árvores magníficas. O carvalho comum tem um parente próximo, o carvalho séssil, que difere apenas ligeiramente. A melhor forma de os reconhecer é pelo comprimento do caule das folhas e pelos frutos. Enquanto as bolotas do carvalho comum estão suspensas num caule mais longo, as do carvalho séssil "assentam" num ramo. A droga medicinal do carvalho é a casca dos ramos jovens e finos, quando ainda está lisa e brilhante, e por vezes também as folhas. Eu vou recolher a casca de carvalho nas florestas jovens mais densas logo no início da primavera, antes de as primeiras folhas brotarem, quando ela se descasca bem e está húmida no interior. Este medicamento também pode ser comprado numa farmácia. Os chamados brotos de carvalho, caraterísticas redondas que crescem nas folhas depois de serem picadas por insectos, encontram aplicações de tratamento semelhantes.

O maior poder medicinal do carvalho é o seu forte efeito de contração, pelo que pertence aos melhores medicamentos para feridas. A casca bem cozida ou as folhas cozidas a vapor são aplicadas em feridas mal cicatrizadas, varizes e inchaços crónicos dos nódulos linfáticos. Foi provado em banhos de assento nos casos de hemorróidas, onde a sua capacidade de parar a hemorragia se revela benéfica. A decocção forte é utilizada para bochechos nos casos de inflamações da boca, para massajar e aplicar nas gengivas afectadas pela periodontite, nos casos de picadas de gelo, queimaduras e para banhos para tratar a transpiração excessiva dos pés.

No uso interno, os efeitos contractivos, juntamente com o efeito antibiótico, da casca de carvalho impedem a propagação da doença bacteriana dos órgãos digestivos para o sangue. Por isso, é bem aplicada em envenenamentos do estômago, por exemplo, por alimentos estragados, em casos de diarreias e inflamações dos órgãos digestivos. Para isso, a casca deve ser fervida durante mais tempo. Também é aplicada em casos de algumas doenças femininas, nomeadamente menstruação forte e corrimento branco, e também pode ser adicionada a misturas de chá para tratar a psoríase.

Utilizamos o carvalho internamente com muito cuidado, porque uma sobredosagem pode provocar vómitos. Por isso, usamo-lo no máximo durante três dias. Não existe esse risco se o utilizarmos apenas para complementar uma mistura de chá.

Há muito tempo que o carvalho é uma árvore de culto em muitas culturas. Os Celtas incluíram-no no seu calendário de árvores e atribuíram-no ao equinócio da primavera - 21 de março. O nome dos seus sacerdotes - druidas - deriva de carvalho. Os gregos antigos consagravam-no ao deus Dius e tornou-se também uma árvore sagrada para os eslavos, que o consagravam a Perun.

Banho de assento para tratar as hemorróidas

Colocar três colheres de casca de carvalho em 1 litro de água e deixar repousar durante oito horas. Em seguida, ferver sob tampa durante 15 minutos, adicionar seis colheres da mistura de ervas feita de partes iguais de cada uma das folhas de nogueira e de salva, cavalinha e toadflax.

Colocar de lado e deixar em infusão durante 20 minutos. Verter através de um coador para um banho de assento, que deve durar 15 a 20 minutos.

Diluição contra a periodontite
Deixar macerar duas colheres de casca de carvalho esmagada em 1/4 de litro de água num local quente. Em seguida, ferver durante 15 minutos em lume brando. Verter através de um coador e adicionar uma colher de tintura de salva. Massajar as gengivas com a diluição repetidamente e mantê-la na boca, para que possa atuar durante mais tempo.

69 Rosa dos cães - a ovelha negra da rainha das flores

Rosa canina *Rosa canina*

Vou apanhar roseira brava na natureza pelo menos duas vezes por ano. Primeiro, no final da primavera, quando florescem com belas e ricas flores, que dão origem a um valioso medicamento, e depois no outono, quando os preciosos frutos, chamados as "laranjas do norte", brilham de vermelho. Todos os que já as apanharam sabem como é um trabalho desagradável e como o arbusto pode arranhar as mãos do colecionador. Talvez seja essa a razão do seu nome popular "rosa de cão", que esta ovelha negra da família da rainha das flores recebeu. As flores e os frutos de outras rosas selvagens e cultivadas têm efeitos muito semelhantes, que podemos utilizar de igual modo. Também podemos recolher as rosas peludas e tumorais, que crescem após picadas de insectos, para fins medicinais. O chá de roseira brava em diferentes formas também pode ser comprado em todas as farmácias, por vezes até numa loja de produtos alimentares.

O maior valor escondido na anca vermelha é o seu elevado teor de vitamina C, que é o mais elevado de todas as fontes naturais. Esta "pílula de vitamina C" natural é definitivamente melhor do que os caros comprimidos efervescentes da farmácia, ao mesmo tempo que tem outros efeitos muito bons no organismo. Aumenta a resistência geral do organismo, diminui a fragilidade dos capilares e normaliza a coagulação do sangue. A roseira brava, no entanto, também contém muitas vitaminas A, B, P e K, magnésio e outras substâncias. Considero-as como o melhor armazenamento natural de substâncias benéficas para a saúde. A roseira brava é aplicada em todos os locais onde é necessário fornecer uma maior quantidade de vitaminas e minerais ao organismo, especialmente nos casos de gripe, constipação e periodontite. Também podemos melhorar qualquer mistura de chá com elas, porque as vitaminas são benéficas no caso de qualquer doença.

O chá e o xarope de pétalas de flores têm propriedades medicinais versáteis semelhantes e ajudam, em particular, nos casos de doenças pulmonares e brônquicas; é recomendado para a restauração da flora intestinal após a utilização de antibióticos. O óleo ou a água de rosas em uso externo é um agente cosmético comprovado e um medicamento para o tratamento de queimaduras, pele seca ou gretada e lesões semelhantes.

Não existem limitações conhecidas para a utilização da rosa canina. Não podemos exagerar na dose de vitaminas ou minerais que recebemos das roseiras, por isso usamo-las o mais frequentemente possível sob diferentes formas. No entanto, é preciso ter em conta que uma grande parte deles se perde através da fervura e que têm um tempo de vida curto, por isso devemos recolhê-los todos os anos e utilizá-los no estado mais fresco possível.

A utilização da roseira brava é comprovada por achados em estruturas de postes neolíticos. Os herbários medievais também mencionam uma série de receitas para a sua utilização. A rosa é um símbolo de amor e beleza. Mais de 10.000 cultivares de rosas são cultivadas em todo o mundo e todos os anos são acrescentadas novas cultivares, o que dá a esta flor a tonalidade da eternidade. De acordo com o Zodíaco, a rosa está ligada ao signo de Peixes.

Bebida vitaminada de rosa mosqueta

Esmagar as roseiras; as mais adequadas são as moles, que podemos separar das duras já durante a sua recolha. Utilizaremos as outras para o chá. Colocá-las num recipiente adequado e deitar álcool a 25 %. Deixar macerar durante 3 a 4 semanas e agitar de vez em quando. Verter através de um coador menos denso, espremer os restantes sólidos e encher as garrafas; agitar antes de cada utilização. Beber de manhã e à noite em pequenos copos.

Óleo de rosa

Empurrar moderadamente pétalas frescas de qualquer rosa para um frasco adequado e verter sobre óleo de girassol virgem. Deixar num local ensolarado durante 3 a 4 semanas; virar de cabeça para baixo diariamente. Decantar e empurrar bem. É um excelente agente cosmético e remédio para a pele.

70 Um símbolo do amor e da morte em prol da vida

Alecrim *Rosmarinus officinalis*

O alecrim é uma erva extraordinária devido ao facto de estar sempre verde. Tem também bonitas flores brancas semelhantes a urtigas mortas e um sabor forte e agradável. Por isso, o alecrim ganhou um estatuto especial entre as pessoas; já na antiguidade se cantava sobre ele como símbolo do amor, da morte e da eternidade. Já o sabia há muito tempo, até saber que tinha propriedades medicinais particularmente boas. O alecrim não cresce em estado selvagem na Eslováquia; ocasionalmente, tenho-o num vaso de flores numa janela, mas apenas pela sua beleza. Se precisar deste medicamento, que é produzido pelas folhas pouco depois de começarem a brotar, enquanto ainda estão verdes e macias, compro-o numa farmácia.

O que mais valorizo no alecrim é o facto de ser uma das poucas plantas que aumentam a tensão arterial. Além disso, actua de forma benéfica em todo o estado de saúde, melhora a circulação sanguínea, elimina a sensação de frio nos membros e ajuda no caso do chamado coração velho. Tonifica as veias e fortalece em geral, pelo que está comprovado na reconvalescença e na geriatria. O chá de alecrim tem propriedades indutoras de suor e diuréticas e alivia o inchaço e os espasmos do aparelho digestivo. Ajuda também nos casos de doenças femininas, controla a menstruação, cura o corrimento e melhora a circulação sanguínea nos órgãos da mulher, pelo que ajuda a engravidar.

O alecrim tem uma boa aplicação também a nível externo. A decocção forte é utilizada como agente cosmético para a limpeza da pele, lavagem de eczemas, pensos para feridas e lavagem dos órgãos genitais das mulheres. Como ingrediente de banho, reanima os membros após um acidente vascular cerebral. Sob a forma de pomada, é utilizado em casos de dores reumáticas. A aplicação de tintura ou óleo de alecrim na pele melhora a circulação sanguínea e ajuda nos casos de dores musculares e nervosas. Devido ao seu aroma agradável, o alecrim é um bom agente na aromaterapia e também é adicionado a produtos cosméticos.

O alecrim actua fortemente a nível interno, por isso, em particular quando é utilizado sozinho, não excedemos as doses recomendadas e excluímos a sua utilização durante a gravidez.

O alecrim é uma das plantas de culto mais populares. Foi encontrado até em túmulos de faraós egípcios. Na Idade Média, acreditava-se que protegia contra os efeitos das forças do inferno. Foi considerada como um símbolo de fidelidade, pelo que era tecida nas grinaldas de casamento das noivas. De acordo com o Zodíaco, o alecrim é amigo das pessoas nascidas sob o signo de Carneiro.

Vinho de alecrim
Deitar folhas de alecrim fresco cortadas finamente e soltas em cerca de 1/4 do volume de um recipiente adequado, completar com vinho tinto e deixar macerar durante 3 a 4 semanas, agitando ocasionalmente. Verter através de um coador e beber, em jejum, em pequenas chávenas, de manhã e à noite, mas não mais do que isso.

Inalação para curar a rinite alérgica
Colocar partes iguais de cada uma das folhas de alecrim e dos topos de hissopo na mistura para inalação. Deixar ferver cinco colheres desta mistura em 1 litro de água e deixar em infusão tapada. Inalar diariamente várias vezes, na melhor das hipóteses debaixo de uma toalha ou de um pedaço de pano.

71 Até uma erva má pode ser boa

Arruda *Ruta graveolens*

Nem todas as minhas ervas têm apenas boas propriedades. Entre elas, há também algumas com as quais tenho de ter cuidado; poderia chamar-lhes "ovelhas negras" entre as ervas. Incluem, por exemplo, o trevo doce amarelo, mas ainda mais a arruda, que tem a reputação de ser uma planta má entre os herboristas. Isso deve-se ao facto de ter várias propriedades estranhas e desagradáveis. É venenosa e a sua seiva irrita a pele, pelo que a colho com luvas calçadas. Devido ao seu cheiro forte e desagradável, nenhum inseto ou animal lhe tocaria. A arruda proporciona pouco prazer apenas quando vista num canteiro ricamente florido, mas também devido às suas excelentes propriedades medicinais.

A arruda é originária do sudeste da Europa. Não cresce em estado selvagem na Eslováquia e raramente é cultivada em jardins para fins medicinais. O medicamento é feito a partir das suas folhas, que colho antes de começarem a florescer; tiro o topo inteiro das plantas mais pequenas. Deve ser manuseada com cuidado e seca separadamente das outras ervas. A arruda só pode ser comprada raramente; por isso, todos os anos seco um pequeno stock da minha própria horta.

A arruda tem vários efeitos medicinais positivos, dos quais utilizamos sobretudo a sua ação no sistema vascular. Fortalece os capilares sanguíneos, remove os sedimentos de calcário do sistema vascular, suprime a formação de varizes e melhora a circulação sanguínea. Com isso, ajuda a diminuir a pressão arterial, tem efeitos anti-escleróticos e também melhora a função renal. Elimina dores de cabeça, picos de sangue na cabeça, acalma fortemente e é também utilizado em casos de epilepsia. É uma erva comprovada da "vesícula biliar", melhora a sua função e alivia as dores nos casos de areia e pedras. Tem um forte efeito em particular no organismo da mulher, ajuda nos casos de menstruação irregular e dolorosa enquanto aumenta fortemente a circulação sanguínea na pélvis. É, portanto, proibido durante a gravidez, mas é benéfico para as mães lactantes porque melhora a secreção do leite materno. Os seus efeitos são melhor aproveitados sob a forma de tintura.

Utilizamos a arruda como uma planta "má" com muito cuidado e doseiamo-la bastante menos; as suas substâncias activas são melhor utilizadas sob a forma de tintura. Utilizamos a arruda apenas durante um curto período de tempo no momento da necessidade e preferimos a sua aplicação em conjunto com outras ervas.

A ligação da arruda com a mulher é confirmada por uma superstição medieval, segundo a qual, se uma mulher quisesse conceber um filho, ao fazer amor, devia enrolar um caule de arruda à volta do dedo. O famoso herborista Matthioli escreveu que se uma mulher se aproximasse da arruda durante a menstruação, dizia-se que a planta murchava. Deve atuar melhor nas pessoas nascidas sob o signo de Leão.

Mistura de chá contra as dores menstruais
Preparamo-lo a partir de partes iguais de arruda, manto de senhora, yarrow, e topos de chagas brancas e flores de calêndula. Deita-se 1/2 litro de água a ferver sobre duas colheres da mistura e deixa-se cozer tapado. Passar por um coador e beber três vezes por dia. Complemente o tratamento com banhos de assento de mil-folhas, manto de senhora e camomila.

Mistura de chá para limpar as veias
Preparamo-la a partir de partes iguais de cada um dos topos da arruda, da hortelã bálsamo, da erva-prateada e da erva-mãe. Adicionar meia colher de chá de tintura de arnica a uma dose de meio litro de chá preparado da forma habitual e beber três vezes por dia. A cura de beber uma vez por ano, durante 3 a 4 semanas, é também uma boa prevenção contra a angina de peito.

72 Porque é que um homem para quem cresce sálvia no jardim morre?

Sálvia*Salvia officinalis*

A salva é uma das plantas que fazia parte do meu primeiro chá medicinal, com o qual comecei a minha vida com ervas. No entanto, só descobri isso mais tarde, quando estava a pesquisar sobre o seu conteúdo. Foi também uma das primeiras ervas que cultivei no meu jardim, porque esta planta mediterrânica não cresce em estado selvagem na Eslováquia. A todos os cultivadores, no entanto, agradece com belas folhas, flores ricas, aroma agradável, mesmo narcótico, excelentes propriedades medicinais e aplicação na cozinha como especiaria. A salva dos prados, um parente que cresce livremente, tem propriedades semelhantes e pode ser utilizada da mesma forma, mas não a substitui totalmente. Recolho as folhas de salva e, por vezes, os topos floridos das ervas mais pequenas, mas sempre num dia de sol, por volta do meio-dia. Recomendo a salva, para além da arnica, para todos os kits de primeiros socorros caseiros, o que não é um problema porque normalmente é vendida na forma prática de tintura ou outros produtos.

Das propriedades muito boas e de ação alargada da salva, a mais importante é o seu forte efeito anti-bacteriano, comprovado nos casos de todas as doenças da boca e da garganta. Eu próprio verifiquei, na minha idade avançada, como é boa nos casos de inflamação das gengivas, periodontite, pressão das dentaduras e como gargarejo nos casos de várias inflamações. Após a extração de um dente, enxaguamos a boca com uma forte decocção de salva, conseguindo assim que a ferida cicatrize rapidamente e não se torne séptica. Recomendo a tintura também como agente desinfetante e medicinal após uma lavagem de dentes. A água diluída é utilizada para lavagens e pensos em casos de doenças de pele, como o acne. Para todos estes problemas, a salva é suficiente por si só, mas por vezes adiciono um pouco de hissopo, camomila ou folhas de nogueira.

As propriedades de primeira classe da salva são bem aplicadas também a nível interno. O chá de salva, em alternativa com um pouco de hissopo ou camomila, elimina a transpiração nocturna, ajuda nos casos de excesso de trabalho e nervosismo e aumenta a tensão arterial baixa. Contém substâncias semelhantes à hormona feminina estrogénio, graças às quais diminui a produção excessiva de leite materno e ajuda nos casos de menstruação fraca e irregular. Reaviva a circulação sanguínea e fortalece em geral, pelo que também é recomendado para a reconvalescença, de preferência sob a forma de vinho de salva. É também um ingrediente comprovado para misturas de chá anti-carcinogénicas.

As capacidades medicinais da salva não são adequadas para uma utilização a longo prazo. A sobredosagem, mesmo com um medicamento à base de plantas tão bom, pode ter efeitos negativos.

A popularidade da salva cresceu na Idade Média a tal ponto que as pessoas começaram a ver nela um medicamento versátil, utilizável para todas as doenças. Isso reflectiu-se numa pergunta dos médicos de uma escola salesiana, datada do século XIV: "Porque é que um homem para quem a salva cresce no jardim morre?" A resposta foi: "Porque nenhuma planta é suficientemente forte contra a morte". Em ligação com o Universo, a salva tornou-se uma planta dos Aquários.

Decocção para bochechos
Adicione uma parte de cada um dos topos de hissopo, flores de camomila e folhas de nogueira a três partes de topos de salva. Colocar duas colheres da mistura em 1/4 de litro de água, deixar ferver e reservar, tapado, para infundir durante 15 minutos. Passar por um coador e manter o chá na boca o máximo de tempo possível, para que possa atuar bem. Também podemos utilizá-lo como gargarejo nos casos de dor de garganta.
Vinho para aumentar a tensão arterial
Misturar partes iguais de cada uma das folhas de salva e dos topos de manjerona, encher com elas uma garrafa adequada até cerca de 1/4 do volume e completá-la com vinho tinto. Deixar macerar durante 2 a 3 semanas, agitando ocasionalmente. Verter através de um coador e tomar 1 - 2 colheres nos casos de sintomas de tensão arterial baixa para a aumentar.

73 Quando o seu giro se romper, lembre-se do ancião

Sabugueiro *Sambucus nigra*

Os arbustos de sabugueiro, por vezes até árvores, são frequentes na natureza eslovaca e aparecem nela esteticamente não menos do que duas vezes por ano. Primeiro, na primavera, quando florescem com impressionantes "pratos" de flores branco-amareladas, fortemente perfumadas. Assim que começam a florescer, recolho um stock suficiente, porque vou precisar frequentemente deste medicamento de primeira classe no inverno. As flores de sabugueiro, no entanto, também podem ser compradas normalmente. A segunda vez que o sabugueiro é bonito é no outono, quando as flores da primavera se transformam em ricos cachos de frutos negros profundos, dobrando os seus galhos finos até ao chão. Eu próprio tenho de fazer um stock de frutos de sabugueiro, porque esta droga não é vendida. Recolho-os apenas quando estão completamente maduros, separo-os e guardo apenas os que estão completamente pretos e saudáveis.

Podemos secá-los, fazer xarope, enlatá-los ou deitá-los no vinho. É interessante que se os comermos crus, são laxantes, mas depois de secos, ajudam contra a diarreia.

A flor de sabugueiro é um medicamento de primeira classe para todas as doenças relacionadas com o frio. Tem um forte efeito indutor de suor, destrói as bactérias podres, limpa as mucosas dos brônquios e diminui ligeiramente a tensão arterial. É ligeiramente diurético e um pouco laxante, pelo que alivia a obstipação. Também apoia a produção de leite materno. Na sua utilização externa, é um excelente ingrediente para misturas de inalação nos casos de constipação, gripe, bronquite, mas também de dores de cabeça.

A utilização dos frutos é completamente diferente. Actuam como um analgésico eficaz, comprovado nos casos de dores nas costas, dores nas articulações, dores no nervo trigémeo, dores no nervo ciático, uma placa deslocada e todas as dores de origem nervosa. Testei que, se essas dores forem eliminadas com comprimidos, elas geralmente voltam. Após o tratamento com sabugueiro, se não se tratar de danos mecânicos, a maior parte das vezes livramo-nos da doença para sempre.

Enquanto a flor de sabugueiro é completamente inofensiva e podemos usar o chá feito a partir dela em grandes quantidades sem limitações, temos de manusear o seu fruto com mais cuidado, porque uma overdose pode causar sintomas de intoxicação. Após o processamento, esta propriedade desagradável enfraquece.

O sabugueiro é considerado, desde há muito, um símbolo de tristeza e de morte na interpretação popular. Isto deve-se ao facto de se dizer que a cruz em que Jesus foi crucificado era feita de madeira de sabugueiro e que o traidor Judas se enforcou num sabugueiro. Havia também o hábito de plantar sabugueiro perto das casas, para que repelisse os maus espíritos. De acordo com as constelações, o sabugueiro é uma planta de Aquário.

Limonada de sabugueiro

Colocar as flores de sabugueiro num frasco de cinco litros, quase até ao topo. Verter sobre o pickle quente que contém 1/2 kg de açúcar escuro e 1/2 kg de mel. Juntar dois limões cortados em rodelas finas e uma chávena pequena de vinagre de vinho. Tapar com uma gaze, presa com um cordel, e deixar fermentar num local quente. Misturar todos os dias. Verter através de um coador para garrafas com tampas fortes e guardar num local frio durante 2 a 3 semanas. Obterá uma limonada agradável, saudável e com gás.

Sumo de sabugueiro
Espremer o sumo de sabugueiro fresco. Adicionar 2 dl de vodka por 1 litro de sumo e adicionar um pouco de ácido cítrico. Deitar em frascos e esterilizar como as conservas de fruta normais. Utilizar uma chávena por dia, em metades, de manhã e à noite.

Chá antigripal
Colocar duas partes de flores de sabugueiro e de tília, às quais se junta uma parte de alecrim e de tomilho branco e de folhas de erva-cidreira. Deitar 1/2 litro de água a ferver sobre duas colheres da mistura e deixar cozer tapado. Passar por um coador, aromatizar bem com limão e mel e beber até um litro por dia.

74 A primeira-dama numa bebida de amor

Salsa *Satureja hortensis*

Se não fosse o excelente sabor e as propriedades medicinais da segurelha, talvez nem sequer soubéssemos que esta erva existe. O seu caule ramificado e pouco atrativo é apenas escassamente decorado com pequenas flores brancas. Apesar disso, é frequentemente cultivada na Eslováquia, embora a sua origem se situe no sudeste da Europa. Certamente pela sua beleza, mas em particular como especiaria popular, substituindo frequentemente a pimenta preta. Tenho-a sempre num vaso de flores, para que possa temperar uma refeição adequada em qualquer altura. Quando a apanho no jardim para a secar, corto os topos floridos, mesmo acima do solo, para poder utilizá-la na totalidade. A segurelha, no entanto, pode ser comprada tanto numa farmácia como numa loja de produtos alimentares.

A fama da segurelha espalhou-se da cozinha grega para todo o mundo, não só graças ao seu sabor aromático, mas também porque melhora substancialmente a digestibilidade das refeições. Isto diz respeito, em particular, às refeições pesadas de carne, mas também às leguminosas e à couve, que eu recomendo temperar ricamente com segurelha, porque provocam inchaço em muitas pessoas. O chá de segurelha trata a inflamação do estômago e do intestino delgado, alivia o inchaço e ajuda nos casos de diarreia. Melhora o funcionamento de todo o aparelho digestivo, ativa o pâncreas, expulsa os parasitas do intestino e, de um modo geral, fortalece o organismo. É também um meio fiável para a melhoria da função cardíaca e suprime a sensação de sede nos diabéticos. A segurelha também tem uma propriedade invulgar. Induz a excitação sexual no organismo humano, pelo que ajuda nos casos de frigidez das mulheres e de impotência dos homens. Existem poucas ervas com ação semelhante, pelo que a segurelha é um dos componentes básicos da chamada bebida do amor, um meio de que a humanidade tanto necessita desde os tempos mais antigos.

O fortalecimento e a excitação do organismo têm os seus limites, pelo que, embora a segurelha não tenha quaisquer efeitos desfavoráveis, deve ser utilizada com boa dose para todos os fins.

Desde a Antiguidade que a segurelha faz parte das plantas do amor mais conhecidas. Os Gregos consagravam-na a Dionísio, os Romanos a Baco - deus do vinho e da embriaguez. Na Idade Média puritana, pelo contrário, os monges foram proibidos de a cultivar nos jardins dos mosteiros porque evocava pensamentos pecaminosos. De acordo com as leis do universo, foi incluída na constelação de Virgem.

Bebida de amor

Juntar uma parte de cada um dos topos de hissopo, hortelã-pimenta e hipericão a duas partes de topos de segurelha. Verter a mistura de ervas livremente em cerca de 1/3 do volume de um recipiente adequado. Completar com vinho tinto e deixar macerar durante 2 a 3 semanas, agitando ocasionalmente. Verter através de um coador e beber em pequenos copos, no máximo dois; demasiado amor também pode ser prejudicial.

Mistura de chá para melhorar o funcionamento do pâncreas

Misture partes iguais de cada uma das folhas de segurelha, hortelã-pimenta, erva-de-são-joão e agrimónia. Deite 1/2 litro de água a ferver sobre duas colheres da mistura e deixe-a em infusão, tapada. Verter através de um coador e beber durante 2 a 3 semanas. Este chá melhora o funcionamento do pâncreas e é uma boa prevenção do aparecimento de diabetes.

75 Um duplo gigante entre as plantas medicinais

Cardo mariano *Silybum marianum*

O cardo mariano tem um lugar especial no meu jardim. É uma planta espinhosa típica, que pica de forma desagradável, pelo que nem sequer me consigo aproximar dela sem luvas, enquanto que, por vezes, atinge um tamanho que a torna num verdadeiro gigante entre as minhas ervas. O cardo mariano não cresce em estado selvagem na Eslováquia, pelo que só podemos obter este medicamento, indispensável na prática herbalista, cultivando-o nós próprios ou comprando-o numa farmácia. Recolho as folhas do cardo mariano antes de começar a florescer, mas o medicamento oficial só é produzido pelos frutos, por vezes designados por sementes. Recolho-os pouco antes de estarem completamente maduros, porque se esperar demasiado tempo, eles simplesmente "voam". Trituramos ou moemos as sementes apenas em pequenas quantidades, conforme necessário, porque as moídas estragam-se rapidamente. Se as adicionarmos a misturas, misturamo-las bem antes de cada utilização, porque as sementes pesadas de cardo mariano caem.

A indispensabilidade do cardo mariano na minha prática herbalista reside no seu efeito muito bom em todos os tipos de doenças do fígado. Considero as sementes de cardo mariano como o melhor medicamento para o fígado. Para além do fígado, também cura a vesícula biliar e todo o aparelho digestivo. Mas também tem outros bons efeitos medicinais. Influencia positivamente todo o sistema cardiovascular, fortalece e trata vários tipos de alergias e também é utilizado em casos de enxaqueca, tonturas e enjoos de viagem.

O chá de cardo mariano é inofensivo em doses terapêuticas. No entanto, não é recomendado durante a gravidez e em caso de tensão arterial elevada. Adoça-se sempre com mel. A utilização do cardo mariano é prática sob a forma de pó de sementes, que utilizamos sozinho ou adicionamos ao chá já feito.

Com o seu aspeto espinhoso, está ligada à história da crucificação desde os tempos de Jesus Cristo. O seu nome popular é "Coroa de Cristo". Por causa das tiras brancas nas folhas, que se diz simbolizarem o leite da Virgem Maria, é também chamado cardo mariano.

Mistura de chá para tratar a cirrose hepática
Colocar uma colher de sementes de cardo mariano finamente moídas em 1/2 litro de água, aquecer lentamente e deixar ferver. Reserve, adicione uma colher da mistura de ervas feita de partes iguais de cada um dos topos de fumeiro e agrimónia e de folhas de hepática. Deixar em infusão, tapado, durante 20 minutos. Passar por um coador e beber duas ou três vezes por dia antes das refeições.

Tintura para melhorar a digestão
Verter álcool sobre partes iguais de cada uma das sementes (folhas) de cardo mariano moídas e dos topos do cardo de S. Bento e da celandine maior, de modo a que a mistura fique bem coberta. Deixar macerar durante 2 a 3 semanas, agitando ocasionalmente. Passar por um coador e tomar meia colher de chá, em jejum, duas vezes por dia.

76 Uma haste dourada, consolação dourada para os rins

Paus-de-vento europeu *Solidago virgaurea*

O Goldenrod é um símbolo do alto verão. As suas flores amarelas brilham nos prados, nas pastagens, nas encostas e nos taludes das florestas. Uma planta invasora particularmente frequente é o goldenrod canadiano, que tem propriedades medicinais semelhantes, mas se puder, prefiro o goldenrod europeu. Gosto de colher os "goldenrods" quando começam a florir, sempre durante uma tarde agradável de sol, porque é nessa altura que o medicamento é mais eficaz. Colho os topos floridos inteiros, e apenas os topos das plantas grandes. A goldenrod europeia já é normalmente vendida, pelo que um pequeno stock é suficiente para mim.

Eu diria que a goldenrod é uma erva dos nossos rins. Muitas vezes subestimamos este órgão vital e não nos apercebemos que ele também influencia fortemente a função do coração e de todo o organismo. É por isso que eu adiciono a goldenrod também em alguns chás para curar o coração, reumáticos e dificuldades digestivas. O chá de goldenrod ajuda a curar a inflamação crónica dos rins, purga o pus, o sangue e as proteínas da urina, desinfecta as vias urinárias e desintegra lentamente os cálculos. Também a adiciono em chás para tratar doenças da próstata. A principal propriedade medicinal do chá de goldenrod é o seu forte efeito diurético, pelo que também é bom nos casos de gota e reumatismo.

Uma forte decocção ou tintura de goldenrod é utilizada como ingrediente para gargarejos, para tratar feridas difíceis de curar, borbulhas e eczema.

O chá de goldenrod é completamente inofensivo. Podemos bebê-lo também durante mais tempo para limpar os rins numa quantidade até 1 litro por dia, não sozinho para esse fim, mas numa mistura com outras ervas de ação semelhante.

O Goldenrod foi introduzido na prática medicinal pelos povos germânicos. Já para eles era um medicamento famoso contra cálculos urinários e da vesícula biliar. Antigamente, fazia-se corante amarelo a partir das flores. O nome goldenrod vem do latim virga aurea - haste dourada.

Mistura de chá para tratar os rins

Juntar uma parte de cada uma das folhas de bétula, pericarpos de feijão e topos de cavalinha a duas partes de topos de goldenrod. Verter 3/4 de litro de água a ferver sobre duas colheres da mistura e deixar em infusão tapada. Passar por um coador e beber três vezes por dia em terços da quantidade.

Chá de mistura para a eliminação da hiper-hidratação do organismo

Misturar partes iguais de cada um dos topos de goldenrod, cavalinha e absinto e flores de dropwort.

Verter 1/2 litro de água a ferver sobre duas colheres da mistura e deixar em infusão tapada. Beber 1/2 - 3/4 litros por dia. Pode aumentar esta dose diária de chá até ao dobro durante vários dias

77 As vitaminas estão mais presentes nos frutos vermelhos

Sorveira *Sorbus aucuparia*

As sorveiras são árvores originalmente europeias, que estão presentes na natureza na Eslováquia, mas também são frequentemente plantadas ao longo das estradas. Quando vejo uma tramazeira, ricamente florida ou cheia de frutos vermelhos no outono, é sempre uma alegria olhar para tanta beleza. Também apanho flores, mas principalmente frutos, não ao longo das estradas, claro, mas num local mais remoto e limpo. A Rowan é cultivada para uso industrial e raramente pode ser comprada numa loja de produtos alimentares em conserva; os frutos secos são normalmente vendidos numa farmácia.

A Rowan é outra prova do facto de a vitamina C se sentir bem nos frutos vermelhos. Juntamente com a roseira brava e o espinheiro-marítimo, a tramazeira pertence às suas fontes naturais mais ricas. Este facto predestina-as para o tratamento de doenças do tipo gripe, periodontite e avitaminose. Têm propriedades diuréticas suaves, dissolvem e expulsam a areia da urina e as pequenas pedras. Actuam bem nos casos de dores nas articulações e nos membros, doenças reumáticas e gota, e melhoram a digestão. As bagas de Rowan contêm algumas substâncias activas semelhantes às do mirtilo, podemos utilizá-las contra as diarreias crónicas; normalizam o funcionamento do aparelho digestivo e fortalecem o organismo em geral. Antigamente, a aguardente era fermentada a partir da fruta da tramazeira e era utilizada como medicamento contra a disenteria. Podemos enlatá-las, como outros tipos de frutas em conserva, ou deitar sobre rum com pouco açúcar, como as ginjas. Macerar em vinho, no qual as vitaminas são bem preservadas, também foi comprovado para mim.

As flores de Rowan são utilizadas mais raramente, mas podem ser um bom ingrediente para todas as misturas de chá para tratar as doenças das mulheres.

Podemos saborear as sorvas cruas, mas apenas numa quantidade menor, uma vez que podem induzir sintomas de envenenamento por luz. Esta propriedade desagradável desaparece após secagem ou tratamento térmico, pelo que defendo o seu consumo mais frequente.

Entre os antigos eslavos, a tramazeira tinha um significado de culto e era consagrada a Perun. Uma propriedade única no reino vegetal é o elevado teor de sorbitol nos seus frutos. A partir dele é feito um adoçante que substitui o açúcar para os diabéticos e é também utilizado como medicamento.

Vinho Rowan
Amasse as sorvas frescas, coloque-as num recipiente adequado e verta aproximadamente o dobro da quantidade de vinho branco. Deixe macerar durante 2 a 3 semanas e agite ocasionalmente. Verter através de um coador; para obter um aspeto agradável, pode sifonar com uma mangueira. Beber de manhã e à noite em pequenas chávenas como um medicamento preventivo versátil.

Xarope de Rowan
Espremer bagas frescas de tramazeira; misturá-las com açúcar escuro na proporção de 1:1 e engrossar em lume brando. Tomar em colheres duas vezes por dia.

78 Desenterrar o curador de ossos - um trabalho mau que compensa

Confrei *Symphytum officinale*

O confrei é uma das minhas plantas favoritas e mais necessárias. Não é apenas bonito quando floresce ricamente em prados húmidos, limites, bordos de campos e ao longo de estradas, mas não hesito em classificar os seus efeitos medicinais entre as melhores de todas as minhas ervas. A sua raiz só raramente aparece nas farmácias, por isso, desde há muitos anos, colho-a todos os anos. É um mau trabalho porque a raiz é muito difícil de escavar; penetra profundamente no solo e parte-se facilmente. É mais eficaz na primavera, quando a planta começa a dar folhas, ou no outono, quando estas ficam amarelas. Nessa altura, todo o poder medicinal está na raiz e já vi muitas vezes que o esforço compensa.

Já o nome de confrei sugere que é a melhor de todas as plantas para o tratamento de doenças ósseas, enquanto o seu uso primário é externo.

Ajuda de forma excelente nos casos de fracturas e luxações, inflamações do tecido conjuntivo e das veias, contusões, músculos rasgados, em breve, nos casos de todas as dores ósseas, musculares, articulares e das articulações. Contém a substância alantoína, que apoia o crescimento e a divisão das células, pelo que apoia a ligação dos ossos e a produção de gordura quando as articulações secam. Para todas estas dificuldades, o melhor medicamento à base de plantas é a compressa de confrei ou a aplicação frequente e a massagem com tintura. Durante a estação, podemos também aplicar folhas frescas, pouco amassadas. O confrei também é bem aplicado para feridas sépticas e outras lesões mais profundas.

O confrei tem uma aplicação interna completamente diferente. As suas substâncias mucosas são excelentes para o tratamento das úlceras do estômago e do duodeno. Cobrem a superfície da úlcera, protegendo-a assim contra a irritação e acelerando a sua cicatrização. Também cura as membranas mucosas do trato digestivo após queimaduras. Utilizo o consolda de forma semelhante também para misturas nos casos de doenças dos brônquios e contra a tosse. A decocção forte da raiz serve como gargarejo nos casos de inflamações da boca e da garganta.

O confrei contém pequenas quantidades de alcalóides perigosos, pelo que alguns tentam excluí-lo do uso interno. Mas seria uma pena não utilizar as suas excelentes propriedades medicinais. Basta observar a dosagem testada, juntar-lhe outras ervas e não o utilizar durante muito tempo.

O nome científico do confrei deriva do grego symfyein - crescer um laço - que identificava as ervas utilizadas em pensos para tratar fracturas ósseas. Um dos segredos dos efeitos medicinais do confrei é o elevado teor de proteínas. Contém também germânio, mineral pouco explorado, que é visto como altamente perspetivado no tratamento de muitas doenças. Segundo o Zodíaco, o confrei é uma planta dos Capricórnios.

Tintura de confrei

Cortar uma raiz de consolda lavada em pequenos pedaços e colocá-los imediatamente num recipiente adequado, no qual já foi vertida a tintura de ervas da floresta. Isto deve-se ao facto de a raiz ter a capacidade de "crescer em conjunto", o que também se reflecte nos seus efeitos medicinais. Encher o recipiente de forma a que a droga fique bem coberta e, por cada decilitro de tintura de erva-do-mato, adicionar duas colheres de chá de tintura de arnica. Deixar macerar, agitando ocasionalmente. Após vários dias, pode utilizar a tintura para aplicar e massajar os locais doridos. Deixar a raiz no frasco até que todo o conteúdo seja consumido.

Pensos para tratar fracturas

Amasse folhas frescas de consolda e cubra a fratura com elas. Fazer uma ligadura e deixar atuar durante mais tempo, se não aparecerem reacções desfavoráveis, mesmo durante a noite. Também se pode utilizar raiz fresca moída ou seca, fervida num pouco de água.

79 Se a época em que os dentes-de-leão florescem pudesse ser interrompida

Dente-de-leão comum *Taraxacum officinale*

A beleza do dente-de-leão comum acompanha a paisagem primaveril apenas durante um curto período de tempo. Mas, nessa altura, o nosso mundo inteiro parece-me mais belo. Dos parques da cidade aos prados de montanha, é capaz de decorar o campo com um número infinito de cabeças amarelas brilhantes, talvez como nenhuma outra erva consegue fazer. A densidade do seu tapete de flores só encontra paralelo na natureza eslovaca com dificuldades. A sua beleza, no entanto, tem também o seu outro lado. Todos os jardineiros sabem como é difícil livrar-se da desagradável erva daninha - o dente-de-leão. Quando a neve desaparece e as primeiras folhas de dente-de-leão brotam, colho-as imediatamente para as saladas de primavera e seco algumas delas para uso posterior. A droga oficinal do dente-de-leão é a sua raiz; é mais forte no outono ou logo na primavera, e também a podemos comprar normalmente.

A beleza do dente-de-leão será certamente superada pelas suas extraordinárias propriedades medicinais. É uma erva versátil, que utilizo para quase todas as doenças. Estimula a atividade das glândulas vitais, pelo que mobiliza a força interna do organismo e actua também como antibiótico. Estimula a atividade da vesícula biliar, do fígado, dos rins e do pâncreas. Purga fortemente o sangue e estimula a produção de glóbulos vermelhos. Diminui a tensão arterial e reforça a circulação sanguínea, o que melhora o funcionamento do coração. Os seus efeitos diuréticos aliviam o organismo, dissolvem parcialmente os cálculos renais e urinários e são benéficos nos casos de obesidade. Nos casos de dores na vesícula biliar, basta mastigar algumas folhas ou caules de dente-de-leão e o alívio não tardará. O dente-de-leão é uma das melhores plantas medicinais para os reumáticos.

As propriedades medicinais do dente-de-leão, de ação generalizada, não provocam quaisquer efeitos adversos. Podemos beber chá de dente-de-leão em doses terapêuticas sem limitações, mas não durante muito tempo.

Segundo as lendas antigas, o dente-de-leão nasceu do pó que foi arrastado pela carruagem do Deus Sol. A seiva do dente-de-leão era utilizada na Idade Média para tratar inflamações oculares, pelo que o mais célebre médico árabe Avicena lhe deu o nome, segundo o grego taraxis - inflamação ocular.

Xarope de dente-de-leão

Coloque quatro punhados de cabeças de flores de dente-de-leão frescas em 1 litro de água fria. Aquecer lentamente até ao início da fervura, reservar e deixar em infusão durante 12 horas. Em seguida, verta a seiva através de um coador e empurre as flores. Adicione 3/4 kg de açúcar natural e a polpa de um limão. Aquecer numa panela plana maior, em lume brando e sem tampa; não ferver, deixar o líquido evaporar, até engrossar. Tomar três vezes por dia em colheradas; pode também utilizar o xarope para adoçar chás de ervas.

Mistura de chá para apoiar a produção de bílis

Misturar partes iguais de cada uma das raízes de dente-de-leão comum, de chicória comum e de bandeira doce e dos topos de centáurea comum e de agrimónia comum. Colocar duas colheres da mistura em 1/2 litro de água, levar lentamente à ebulição, deixar ferver e tapar para infundir. Passar por um coador e beber três vezes por dia, meia hora antes das refeições.

Decocção contra as sardas

Ferver três colheres de raiz de dente-de-leão esmagada e uma colher de folhas de erva-cidreira em 1/4 de litro de água em lume brando e deixar em infusão durante 10 a 15 minutos. Verter através de um coador e fazer uma compressa ou lavar as sardas repetidamente com a decocção.

80 Os prados são mais bonitos quando cheiram a tomilho selvagem

Tomilho selvagem *Tomilho silvestre*

Não conheço um aroma mais forte e mais agradável na natureza do que aquele que me acompanha num prado ricamente florido de tomilho selvagem. Como se estas pequenas plantas soubessem que sozinhas não podem fazer muito, criam ricos cachos que, como profundas corcovas violetas, se espalham pelo campo. Cobrem frequentemente os formigueiros e os montículos, nos quais florescem de forma particularmente rica. Assim, ao seu perfume excecional junta-se um efeito estético. Várias espécies de tomilho selvagem crescem na natureza eslovaca. Eu colho-as todas; são completamente iguais do ponto de vista medicinal. O período de colheita é longo, porque o tomilho selvagem floresce desde o início do verão até ao outono. No entanto, os seus topos floridos devem ser cortados com uma tesoura, porque as suas raízes são fáceis de arrancar, o que suja o medicamento e destrói a cobertura vegetal. A irmã mais velha do tomilho selvagem em floração é o tomilho comum, que tem efeitos medicinais semelhantes, talvez até mais fortes. Mas não cresce em estado selvagem na Eslováquia. Ambos os medicamentos são igualmente vendidos nas farmácias.

A forte ação anti-séptica e desinfetante do tomilho revela-se melhor em misturas de chá contra a tosse. Em comparação com várias outras ervas "anti-tosse", o tomilho selvagem também é capaz de tratar doenças crónicas. Pelo seu efeito eliminador de muco, ajuda nos casos de tosse convulsa nas crianças. A sua ação desinfetante também se aplica muito bem no trato digestivo, onde impede a propagação de infecções microbianas. O chá de tomilho selvagem ajuda nos casos de dificuldades menstruais, em particular na menstruação dolorosa, elimina o cheiro desagradável da boca, o inchaço e é um meio comprovado para parar os soluços. A ingestão de pequenos goles de chá diminui a vontade de fumar.

Outra boa propriedade que tem é o facto de fortalecer o organismo, pelo que serve bem nos casos de excesso de trabalho e esgotamento nervoso.

No seu uso externo, o tomilho selvagem é um ingrediente muito bom para banhos em casos de reumatismo, artrite e para crianças fracas. As compressas ou tinturas são recomendadas para massajar e esfregar na pele nos casos de acne e outros problemas de pele, dores de cabeça e dores de origem reumática.

O chá de tomilho selvagem tem um aroma e sabor agradáveis, pelo que podemos utilizá-lo em doses habituais também como um chá completamente inofensivo, adequado para crianças, idosos, bem como mulheres grávidas e lactantes. No entanto, não devemos utilizá-lo durante muito tempo sem interrupção, uma vez que diminui o estado de alerta do organismo e os seus bons efeitos começam a diminuir.

O nome científico do tomilho selvagem deriva do grego thymos - força, virilidade. Atribuía-se-lhe a capacidade de fortalecer o organismo; estava envolto em muitos mitos e era também plantado nas campas. Na Idade Média, os monges cultivavam-na nos mosteiros para suprimir o desejo sexual e resistir às tentações do pecado. Consideravam-na como uma erva ligada à constelação de Touro.

Mistura de chá contra a tosse

Misturar partes iguais de tomilho selvagem e de violetas, de verbasco e de flores de tília. Aromatizar o chá preparado da forma habitual com limão, adoçar bem com mel e beber em pequenos goles durante todo o dia.

Mistura de chá contra os soluços

Para parar uma crise de soluços, colocar uma colher de tomilho selvagem e uma colher de sementes de aneto em 3 dl de água. Levar a mistura a ferver, deixar arrefecer, verter através de um coador, adicionar uma colher de abóbora-limão e beber lentamente em partes.

81 Atualmente, muitas pessoas já sabem que uma tília mata uma gripe

Tília comum *Tilia cordata*

Devido à sua beleza e robustez, a tília comum tornou-se um símbolo dos eslavos. Faz parte das minhas preferidas, porque quando me aproximo das tílias em flor, elas chamam a atenção a grande distância pelo seu aroma inebriante, acompanhado pelo zumbido das abelhas. A tília tem uma vida lenta e longa, chegando a atingir os 600 anos de idade. Para além da tília comum, a tília de folhas grandes é também frequente na natureza eslovaca; por vezes cruzam-se e é difícil distingui-las. Mas não é necessário fazê-lo porque os seus efeitos medicinais são completamente iguais. Colho flores de tília desde a minha infância; usávamo-las em casa e até hoje faço um stock deste precioso medicamento. A altura certa para a colheita é quando as flores começam a abrir e a maior parte delas ainda estão em botão. Só apanho as próprias flores, claro que sem causar danos aos ramos, mas a tília também pode ser comprada em qualquer farmácia.

O chá de tília é um medicamento geralmente conhecido contra a gripe. A sua principal propriedade medicinal é o seu forte efeito indutor de suor e a sua capacidade de reduzir a temperatura. Quando o frio nos "bate" na fase inicial de uma gripe, o melhor remédio é beber várias chávenas de um bom chá quente de tília e sabugueiro com mel e limão e suar bem. Outros efeitos benéficos da tília são menos conhecidos. Dilui o sangue, pelo que actua preventivamente contra a inflamação das veias, a apoplexia, a angina de peito, e é também benéfica nos casos de dificuldades urinárias e renais. Estimula o sistema imunitário e acalma, pelo que a recomendo para as pessoas "que estão sempre com pressa" e correm o risco de ficar sobrecarregadas. A tília é um dos melhores chás de ervas para crianças. Cientistas americanos descobriram, através de experiências práticas, que as crianças superavam a gripe mais rapidamente quando bebiam chá de tília do que quando tomavam antibióticos. Este chá, além disso, acalma-as; é particularmente adequado nos casos de hiperatividade e proporciona-lhes um sono tranquilo.

A tília é uma erva benéfica, que não tem quaisquer propriedades desagradáveis. Tal como o morango, tem efeitos medicinais de ação alargada para todos os órgãos do corpo, ao mesmo tempo que actua lentamente. Na maioria das vezes, utiliza-se apenas durante alguns dias durante uma doença, mas também é particularmente adequada como chá medicinal versátil, que se pode beber durante muito tempo. Só então mostra o seu amplo valor medicinal.

A cal produz uma excelente madeira macia, utilizada no fabrico de instrumentos musicais. Em latim, é designada por "lignum sanctum", que significa "madeira de santo". Muitos altares famosos foram esculpidos nesta madeira. Segundo as superstições populares, quem adormecesse debaixo de uma tília seria levado para um reino de contos de fadas.

Chá que induz o suor
Colocamos nela duas partes de cada uma das flores de tília e de sabugueiro, acrescentamos uma parte de cada uma das flores de abrunheiro e de roseira brava. Deita-se 1/2 litro de água a ferver sobre duas colheres da mistura, deixa-se cozer tapado e passa-se por um coador. Aromatizar o chá com limão e mel, bebê-lo morno ou quente, pelo menos um litro por dia, nomeadamente em caso de doenças agudas.

Chá para crianças
Preparamo-lo como na receita anterior, a partir de partes iguais de cada uma das flores de tília e camomila e dos topos de tomilho selvagem. Aromatizamos com limão, mel ou xarope de framboesa e deixamos que as crianças o bebam não só durante uma doença, mas também como uma bebida saudável em substituição de "águas doces" pouco saudáveis.

82 Um quatro folhas não é só para dar sorte

Trevo vermelho *Trifolium pratense*

Já em crianças, nos campos e prados onde crescia o trevo, procurávamos muitas vezes o conhecido quatro-folhas para ter boa sorte. Existem cerca de trinta espécies de trevo que crescem na natureza eslovaca, mas apenas três delas são reconhecidas como medicinais. Para além do trevo vermelho, há também o trevo de pés de lebre e o trevo branco. Todos eles crescem em prados soalheiros como ervas daninhas consideravelmente disseminadas. O trevo vermelho é também uma cultura forrageira bem conhecida. Tem um elevado valor nutritivo e pode ser utilizado para a produção de alimentos. As três espécies de trevo mencionadas têm propriedades medicinais semelhantes, embora não idênticas, mas eu utilizo as flores vermelhas mais impressionantes do trevo vermelho. Os trevos florescem durante muito tempo; podemos colhê-los durante quase todo o verão, o que é importante porque esta erva não é vendida nas farmácias.

Na aplicação medicinal do trevo vermelho, aprecio em particular os seus muito bons efeitos desinfectantes no aparelho digestivo. Também se manifestam nos casos de diarreia, e também o adiciono aos chás para melhorar a função do pâncreas, parar os vómitos, contra os espasmos e em caso de salivação excessiva. O chá de trevo vermelho purga o sangue, pelo que ajuda nos casos de todas as doenças de pele, incluindo a psoríase. Também é aplicado nos casos de bronquite e reumatismo, e para parar o corrimento branco.

Utilizamos as boas propriedades desinfectantes do trevo vermelho externamente como um ingrediente popular em banhos de ervas. Podemos fazer uma decocção forte a partir de cabeças de flores frescas esmagadas ou pensos para tratar feridas sépticas e borbulhas na pele.

O trevo vermelho é uma erva completamente inofensiva, que pode ser utilizada em doses terapêuticas em várias misturas de chá, bem como isoladamente.

O trevo vermelho era uma planta popular entre os índios americanos; tratavam os olhos doridos e as queimaduras com ela e consumiam as suas folhas como vegetais. Descobriu-se por observação que a erva à volta do trevo vermelho tem uma cor verde mais bonita e cresce melhor. Isto deve-se ao facto de o trevo vermelho viver em simbiose com bactérias que retiram o azoto do ar e, por isso, serve como um bom fertilizante verde.

Chá para eliminar o muco

Misturar partes iguais de cada uma das flores de trevo vermelho e dos topos de orégãos e de hortelã-pimenta. Deitar 1/2 litro de água a ferver sobre duas colheres da mistura e deixar em infusão tapada. Passar por um coador, adoçar bem com mel e beber durante todo o dia.

Mistura de chá contra o corrimento branco

Colocar na mistura partes iguais de cada uma das flores de trevo vermelho e de camomila, bem como de folhas de manto de senhora e de chagas brancas. Deitar 3/4 de água a ferver sobre três colheres da mistura e deixar em infusão tapada. Beber a dose diária completa em partes durante 7 a 10 dias. Completar o tratamento com banhos de assento.

Mistura de chá contra a diarreia
Misturar partes iguais de cada um dos topos de trevo vermelho, casca de carvalho esmagada, frutos de mirtilo e flores de camomila. Ferver lentamente duas colheres da mistura em 1/2 litro de água e deixar arrefecer tapado. Bebe durante 2 a 3 horas e depois não tomes qualquer alimento.

83 O primeiro da fila, o segundo em ação

Pé-de-colete *Tussilago farfara*

Todos os anos vivo um momento irrepetível, alegre e festivo, quando vejo a primeira flor da natureza que desperta na primavera. A maior parte das vezes é uma pequena cabeça amarela e esfarrapada de coltsfoot. Passados alguns dias, aparecem mais em muitos sítios; são capazes de dourar lindamente lugares desolados e feios, bermas de estradas e terrenos escavados, onde gostam de crescer. Recolhi o coltsfoot pelo menos duas vezes. As suas flores com caules curtos surgem imediatamente quando crescem um pouco, e as folhas totalmente desenvolvidas mais tarde, no final de maio. O medicamento coltsfoot é vendido nas farmácias.

A primeira plantinha de uma nova estação herbácea pertence às plantas do género malva, que estão comprovadas no tratamento dos órgãos respiratórios. Tal como a erva pulmonar comum, também o coltsfoot pertence às plantas medicinais básicas para a asma brônquica, pneumonia, bronquite, tosse e mucosas das vias respiratórias. Também estimula o organismo e aumenta o apetite. O mel de coltsfoot, preparado a partir das cabeças das flores, cozido com açúcar, é popular. Mas eu não o faço devido à necessidade de uma longa fervura e de muito açúcar prejudicial à saúde. Prefiro chá adoçado com mel em combinação com outras plantas de ação semelhante.

Gosto de utilizar as propriedades medicinais do coltsfoot também externamente. As folhas amassadas e pouco esmagadas são aplicadas com a parte de cima em feridas que estão a cicatrizar mal, veias inflamadas, queimaduras, articulações doridas, sítios doridos nos casos de reumatismo e gota. O Coltsfoot é frequentemente utilizado em cosméticos em máscaras para a pele, loções e águas.

Existe uma pequena quantidade de substâncias perigosas, os chamados alcalóides de pirrolizidina, no coltsfoot, pelo que temos de o utilizar com cuidado e apenas quando necessário. Preferimos uma droga seca, porque o seu conteúdo diminui com a secagem. Por isso, não usamos o coltsfoot durante muito tempo, ou sozinho, e o seu conteúdo em misturas não deve exceder 20%. Nestas condições, podemos utilizar as propriedades medicinais muito boas do coltsfoot sem preocupações.

O nome do coltsfoot deriva do latim tussis - tosse - e ago - eliminar. O coltsfoot era utilizado para o tratamento da tosse por todos os médicos medievais. Os antigos gregos e romanos chamavam-lhe "planta da tosse". Na Idade Média, era fumado como prevenção contra a tosse. O seu parceiro astrológico é a constelação de Touro.

Mistura de chá para tratar as mucosas dos pulmões e dos brônquios
Colocar partes iguais de cada um dos pés de coltsfoot, mullein e malva, flores (folhas), topos de tomilho selvagem e folhas de ribwort. Adoçar bem o chá preparado da forma habitual e tomar às colheradas durante todo o dia, para que continue a atuar sobre os brônquios.

Laxante para tratar a inflamação do intestino grosso
Misturar partes iguais de cada uma das flores (folhas) de coltsfoot e de camomila e dos topos de silverweed. Ferver brevemente duas colheres da mistura em 1/4 de litro de água e deixar em infusão. Primeiro, limpar o intestino grosso com chá de camomila fraco e, em seguida, aplicar o laxante e deixar atuar o mais tempo possível.

84 Devolve a saúde a quem a atinge com pedras

Urtiga comum *Urtica dioica*

A omnipresente, popularmente chamada urtiga, pertence às ervas daninhas mais comuns. Ganhou ódio apenas pelo facto de picar ao contacto. Cresce em quase todo o lado, mas gosta mais de crescer nos escombros, ao longo das estradas, nos arbustos e, infelizmente, nos jardins, onde torna a vida desagradável para todos. No entanto, é uma das nossas melhores ervas medicinais, que, em troca do ódio, proporciona um efeito medicinal benéfico. Eu também não gosto de urtiga, mas assim que as suas primeiras folhas aparecem na primavera, recolho-as para as saladas de primavera, como as primeiras vitaminas frescas depois de um longo inverno. Esta regra de recolha aplica-se sempre à urtiga comum. Não esperamos pela floração habitual, mas colhemos pequenas folhas jovens e frescas, o que podemos fazer desde o início da primavera até ao final do outono. Durante a recolha, evitamos os locais à sombra e os locais onde o solo possa estar contaminado. A droga de melhor qualidade é a que é colhida ao fim da tarde de um dia de sol. As folhas de urtiga comum também podem ser compradas em lojas.

A urtiga comum tem um elevado teor de clorofila, carotenóides, substâncias minerais e vitaminas, o que faz dela um medicamento versátil e abrangente. Devemos utilizá-la tanto quanto possível, não só como medicamento, mas também como prevenção, porque os elogios ao poder medicinal da urtiga comum não têm fim. Aprecio muito a sua ação sobre o sangue. É um dos melhores medicamentos nos casos de anemia, purga perfeitamente o sangue, pelo que ajuda nos casos de psoríase, acne, impurezas da pele e outras doenças da pele. Uma cura de três semanas com chá de urtiga ou o uso de folhas frescas misturadas é capaz de curar borbulhas que foram difíceis de remover durante muito tempo. Estimula a produção de glóbulos vermelhos, a melhor de todas as plantas; também dilui o sangue, o que se traduz numa melhor circulação sanguínea. O chá de urtiga também amolece as fezes, melhora a digestão e fortalece todas as funções fisiológicas do organismo. É igualmente apreciado pelos diabéticos e pelos reumáticos. Apoia a produção de leite materno e melhora a sua qualidade.

No seu uso externo, a urtiga é um medicamento comprovado para o cabelo. A chicotada com urtiga, a chamada urticação, melhora a circulação sanguínea em várias partes do corpo e elimina as dores reumáticas.

Embora o consumo excessivo de folhas frescas possa ter efeitos desagradáveis, o chá de urtiga é completamente inofensivo e adequado em doses normais também para uso a longo prazo. Recomendo-o também de forma preventiva como agente de manutenção da saúde e da beleza.

O nome urtiga vem do latim uro - queimar. A clorofila é extraída da urtiga e adicionada como corante a medicamentos e alimentos. A sua utilização é autorizada pela União Europeia e está marcada como E140 nas embalagens.

Tintura para o cabelo
Verter a bebida espirituosa sobre partes iguais de urtigas frescas ou secas e topos de alfazema, de modo a que a droga fique bem coberta. Deixar macerar num local ensolarado durante 2 a 3 semanas. Diluir a tintura com água na proporção de 1:1 e esfregar na pele do cabelo.

Mistura de chá para melhorar a contagem sanguínea
Juntar uma parte de cada uma das folhas de erva-cidreira e de nogueira e dos topos de absinto a três partes de folhas de urtiga. Deitar 1/2 litro de água a ferver sobre duas colheres da mistura, deixar em infusão tapada e passar por um coador. Beber o chá três vezes por dia.

85 Muitas vezes têm os lábios azuis por causa dos mirtilos

Mirtilo *Vaccinium myrtillus*

Lembro-me da minha infância, quando, em crianças, íamos apanhar mirtilos. Como nos ríamos quando ficávamos com os lábios, a língua e as mãos azuis. Só muito mais tarde é que aprendi o quão preciosos são esses frutos. Para além dos frutos de mirtilo, também apanho folhas, mas logo na primavera, ainda antes de aparecerem as flores. Ambos os mirtilos têm diferentes aplicações medicinais e podem ser comprados em farmácias; os frutos podem ser comprados normalmente no mercado e ao longo das estradas, pelo que não tenho problemas em obtê-los.

Os frutos de mirtilo contêm uma concentração excecional de vitaminas, minerais e outras substâncias preciosas. Considero-os como um dos frutos mais saudáveis da nossa natureza. São frutos saborosos e populares; são utilizados para fazer conservas, compotas, abóboras e vinhos. Gosto mais delas secas para fins medicinais porque as substâncias nelas contidas são menos destruídas por esse processo. Depois de algumas horas de imersão em água, incham e posso comê-los como se fossem frutos frescos. Também é adequado congelá-los e fervê-los num puré fino antes de os utilizar. A primeira utilização dos frutos de mirtilo, que desinfectam bem e tratam as mucosas intestinais, é contra a diarreia das crianças. Em muitos casos, mesmo nos casos de bebés, verifiquei como actuam perfeitamente. Recomendo os mirtilos secos às famílias com crianças como parte do kit doméstico de primeiros socorros. Se não forem consumidos, devem ser substituídos ao fim de um ano. Os frutos de mirtilo são particularmente saudáveis e actuam de forma semelhante nos adultos.

O esmagamento de frutos de mirtilo frescos é aplicado em eczemas e escamas da pele. É um bom remédio contra as constipações; diluído em água, é utilizado como gargarejo para tratar inflamações da garganta e da boca. Podemos utilizá-lo como compressa para tratar os olhos inflamados. As folhas de mirtilo diminuem a concentração de açúcar no sangue, pelo que são um medicamento vegetal de primeira classe contra a diabetes. Têm efeitos desinfectantes, que se manifestam bem no trato digestivo e nos órgãos urinários.

A bondade particular do mirtilo também se manifesta no facto de não ter quaisquer efeitos secundários e de podermos utilizá-lo sem limitações em quantidades normais.

O consumo de mirtilos fortalece e aguça a visão. Nos primórdios da aviação, quando não existiam radares ou câmaras, antes dos voos de reconhecimento, os pilotos obtinham uma porção de mirtilos, de modo a preservarem a melhor capacidade possível de ver com nitidez e ao longe.

Mirtilos com iogurte

Deite iogurte de mirtilo sobre frutos frescos de mirtilo e consuma-o como uma iguaria alimentar saudável.

Mistura de chá para parar as diarreias das crianças

Adicione uma parte de cada uma das flores de camomila e de malva comum a três partes de mirtilo esmagado. Verter 1/4 de litro de água a ferver sobre uma colher da mistura e deixar em infusão tapada. Verter através de um coador e dar às crianças para beberem em partes, aos bebés num biberão. Os frutos, por si só, actuam muito bem; só precisam de ser fervidos em pouca água, vertidos através de um coador e administrados por uma colher ou diluídos num biberão.

Chá de desinfeção dos órgãos digestivos
Para limpar o trato digestivo de bactérias nocivas, misture partes iguais de cada uma das folhas de mirtilo, erva de S. João e topos de orégãos, flores de camomila, raiz de alcaçuz e casca de carvalho. Coloque duas colheres da mistura em 1/2 litro de água, deixe ferver lentamente e deixe-a tapada a fermentar. Verter através de um coador e beber de manhã e à noite durante 1 a 2 semanas.

86 Porque é que havemos de discutir? - Vamos tomar valeriana

Valeriana *Valeriana officinalis*

À primeira vista, a valeriana parece-se com a maioria das outras plantas, embora seja robusta e bastante bonita. Só quando comecei a envolver-me mais seriamente com as ervas, é que descobri que a baldriana, como também é chamada a valeriana, tem propriedades medicinais invulgares. Distinguimo-la de outras plantas semelhantes pelo facto de a sua raiz ter um odor caraterístico especial e forte, que é ainda reforçado pela secagem. Poderia ser melhor designada como "afrodisíaca", o que pode ser justificado pelo comportamento estranho dos gatos, que são fortemente excitados pela raiz de valeriana, pelo que é popularmente chamada de "raiz de gato". É também a droga da valeriana e pode ser comprada numa farmácia sob a forma de tintura, que é bem conhecida como gotas de valeriana.

Devido às suas propriedades especiais, a valeriana foi reconhecida como um agente contra as bruxas já na Idade Média. Este facto estava certamente relacionado com o seu efeito particularmente forte no sistema nervoso. Nesse sentido, a valeriana é o medicamento à base de plantas mais eficaz de todos. Ajuda não só em casos de mau humor, stress, esgotamento nervoso ou psíquico, mas também em casos de outras doenças mentais. É uma parte indispensável dos chás para o tratamento das insónias e das dificuldades estomacais e intestinais de origem nervosa; ajuda nos casos de neurose cardíaca; alivia os espasmos causados pelo nervosismo. Pelo seu efeito calmante, algumas gotas da tintura podem contribuir para o alívio de muitos tipos de dores. A valeriana estabiliza o sistema nervoso, o que significa que o suprime após uma forte agitação, estimula em condições de apatia, pelo que também é boa nos casos de sentimentos de letargia, tristeza e períodos de passividade geral. As nossas avós, que tinham tendência para desmaiar devido a uma agitação mais forte, levavam um pequeno frasco de tintura de valeriana como primeiro socorro.

Nunca se ferve a raiz de valeriana, apenas se prepara um macerado a frio; a sua melhor utilização é sob a forma de tintura.

A valeriana pertence às ervas de ação forte, por isso, embora seja inofensiva em doses normais, deve ser utilizada com cuidado e não durante muito tempo.

Muitas superstições têm sido associadas à valeriana desde os tempos antigos. De acordo com uma delas, um ramo da erva suspenso por cima de uma porta começará a balançar quando uma pessoa má atravessar a porta da frente de uma casa. Segundo outro, um pouco de pó da raiz, administrado num copo de vinho, pode conquistar o amor de uma pessoa que o tenha bebido. As pontas da valeriana também eram dadas na cama de uma mulher que já tinha dado à luz uma vez, para que repelisse os maus espíritos que poderiam prejudicar o bebé. Diz-se que actua melhor nas pessoas nascidas sob o signo de Virgem.

Valeriana em gotas

Verter álcool mais forte sobre a droga fresca ou seca, de modo a que fique bem coberta. Deixar macerar durante 3 a 4 semanas; agitar de vez em quando. Verter através de um coador e tomar 20 gotas num cubo de açúcar ou com um pouco de água e adicionar em colheres de chá a alguns chás já feitos.

Mistura de chá para tratar a hipocondria

Quando temos a sensação de que estamos mais doentes do que é o caso, preparamos uma mistura de chá com partes iguais de hortelã bálsamo, hortelã-pimenta e arruda. Deita-se 1/2 litro de água a ferver sobre duas colheres da mistura, deixa-se cozer tapado e passa-se por um coador. Adicione uma colher de chá de tintura de valeriana ao chá e beba-o durante vários dias.

Tintura para fortalecer o sistema nervoso
Para a sua preparação, utilizamos duas partes de tintura de valeriana, às quais juntamos uma parte de tintura de bandeira doce e de tintura de arnica. Tomar uma colher de chá num copo meio cheio de água, de manhã e à noite. Também podemos preparar a tintura a partir de drogas secas cortadas na mesma proporção, sobre as quais deitamos aguardente forte e deixamos macerar.

87 Flores amarelas de verão contra os perigos do inverno

Verbasco *Verbascum densiflorum*

A beleza do verbasco fascina-me há muito tempo. Sempre que o vejo a brilhar com flores de um amarelo profundo, não consigo resistir às palavras de admiração. Não é de admirar que o seu nome popular "vela real" tenha sido cunhado. A sua beleza é uma decoração grata e útil para qualquer jardim.

Apenas o caule principal cresce primeiro, depois os laterais ramificam-se. As flores caem rapidamente, mas abrem-se constantemente novas, pelo que, num bom solo, o verbasco é bonito durante todo o verão, até ao outono. Mas cada flor floresce durante um curto período de tempo. À noite, é apenas um botão; abre-se durante a noite e floresce lindamente de manhã, e quando o sol quente do meio-dia a aquece, começa a murchar. No dia seguinte, na maioria das vezes, cai. Por isso, colho as flores durante um dia de sol, por volta da tarde, e depois seco-as imediatamente ao sol. Têm de secar rapidamente; assim conservam a sua bela cor e todo o seu poder medicinal. Num ambiente limpo, também recolho flores que caíram; mas este medicamento também pode ser comprado numa farmácia. O seu parente, o verbasco laranja, tem apenas propriedades medicinais um pouco mais fracas e também o podemos utilizar.

Desde a antiguidade que o verbasco faz parte dos medicamentos famosos para os brônquios e os pulmões. Contém substâncias mucosas, que protegem as membranas mucosas contra a irritação. Liberta o muco, limpa os brônquios em caso de rouquidão e de pieira; ajuda a tratar a bronquite e a dor de garganta e reduz a irritação das vias respiratórias superiores. Por conseguinte, constitui um componente importante de quase todas as misturas de chá contra a tosse. O chá de verbasco tem ainda outros efeitos positivos - é diurético, reforça a menstruação fraca e melhora o funcionamento das glândulas com secreção interna.

As folhas grandes e frescas de verbasco podem ser utilizadas como penso em casos de dores reumáticas e musculares, para tratar feridas de difícil cicatrização, inchaços e úlceras, à semelhança da utilização de butterbur. A inalação do pó das flores secas é recomendada para as mucosas do nariz.

O verbasco contém pêlos finos, que passam mesmo por um coador mais denso e irritam as membranas mucosas, pelo que recomendo a filtragem do chá antes da sua utilização. A bondade do verbasco está ligada à sua beleza; não tem quaisquer efeitos secundários, mas não deve ser utilizado durante muito tempo, nem em grandes doses, apenas durante alguns dias, quando necessário.

O verbasco é uma antiga planta de culto, que protegia contra as bruxas e os poderes sujos do demónio. Quando o verbasco crescia numa sepultura, dizia-se que o morto estava no purgatório e que se podia libertá-lo através de uma peregrinação a um local de peregrinação. Segundo a astrologia, é uma planta de Aquário.

Mistura de chá contra a tosse das crianças

Misturar partes iguais de cada uma das flores de verbasco, malva comum, camomila e papoila do campo, bem como de tomilho selvagem e topos de orégãos. Adoçar o chá preparado da forma habitual com mel, adicionar abóbora limão ou laranja e administrar às crianças em colheres de hora a hora, para que o chá actue constantemente nos brônquios. O chá também é adequado para crianças pequenas a partir de um ano de idade. Em vez de água, também podemos utilizar leite.

Mistura de chá para reforçar a menstruação

Prepare-a a partir de partes iguais de cada uma das flores de verbasco e arruda, erva de S. João, mil-folhas e topos de alecrim. Deitar 1/2 litro de água a ferver sobre duas colheres da mistura, deixar em infusão tapada e passar por um coador. Adicionar uma colher de chá de tintura de arnica ao chá preparado e beber três vezes por dia durante a menstruação.

88 Quando se esquece demasiado, lembre-se do speedwell

Verónica *Verónica officinalis*

As ervas pequenas e modestas sabem que não podem chamar a atenção sozinhas, por isso crescem normalmente em coberturas verdes mais densas. E assim a pequena speedwell consegue crescer em tapetes mais densos com os seus caules rastejantes e colorir uma grande área com as suas belas flores azuis. Gosta mais de crescer em clareiras florestais, onde encontrei até tapetes contínuos com vários metros de comprimento, o que é uma experiência muito agradável. O seu parente próximo, o limoeiro, gosta de ficar em locais húmidos e inundados e em leitos de riachos. Corto os topos floridos de ambas as espécies com uma tesoura, para que as raízes, que são fáceis de arrancar, não se danifiquem. Uma parte das ervas deve ser deixada no local, para que se possam multiplicar também no ano seguinte. Isto também é do interesse do herborista, porque este medicamento só pode ser comprado raramente.

De entre as propriedades medicinais do speedwell, a que mais aprecio é a sua capacidade de diminuir os níveis de colesterol no sangue. Também purifica o sangue, pelo que se tornou um bom medicamento, mas subestimado, bem como uma prevenção recomendada contra a tão temida esclerose e demência, em particular dos idosos. Outra boa propriedade do speedwell é o facto de ser fortemente diurético, o que ajuda nos casos de inflamações da bexiga e das vias urinárias, gota, reumatismos, e também é capaz de "esmagar" pedras urinárias. Foi comprovado nos casos de asma, bronquite, dores de garganta, tuberculose e perturbações do estômago e dos intestinos.

A speedwell tem uma boa capacidade de purga do sangue e é bem aplicada externamente nos casos de vários problemas de pele, para pensos e lavagens. Nesta utilização também se bebe chá de speedwell.

O Speedwell é uma erva versátil, útil e boa, que não tem quaisquer efeitos secundários. O chá de Speedwell é delicioso e pode ser usado como um delicioso chá diário.

O Speedwell já era popular na Roma Antiga, onde era utilizado para o tratamento de todas as doenças. No entanto, a sua maior fama foi na Idade Média, quando era utilizado contra as epidemias de peste. Em França, era chamado "chá europeu" e era bebido como um verdadeiro chá. De acordo com o Zodíaco, o speedwell suave pertence às pessoas nascidas sob o signo de Gémeos.

Mistura de chá contra a arteriosclerose
Misturar partes iguais de cada um dos topos de speedwell, yarrow e shepherd's purse, folhas de arruda e flores de midland hawthorn. Verter 1/2 litro de água a ferver sobre duas colheres da mistura, deixar em infusão tapada e verter através de um coador. Adicionar uma colher de chá de cada tintura de ginkgo e de arnica. Beber duas vezes por dia.

Mistura de chá para reduzir o colesterol
Nos casos de níveis elevados de colesterol no sangue, preparar uma mistura de chá a partir de partes iguais de speedwell, urtiga comum, cavalinha e erva-dos-prados. Adicione uma colher de alho esmagado no chá preparado da mesma forma que na receita anterior. Beber durante 2 a 3 semanas e depois interromper a sua utilização durante o mesmo tempo. Este chá tem efeitos anti-escleróticos e melhora a memória.

89 A força de um perfume inebriante que expulsa uma dor de cabeça

Violeta doce *Viola odorata*

Quando encontro belas violetas num prado primaveril ou numa fina floresta, sinto sempre uma alegria sincera. A beleza terna e o aroma agradável das violetas são também mencionados em canções e poemas; tornaram-se também um símbolo do amor. De entre a multiplicidade de violetas que crescem na nossa natureza, utilizo também o amor-perfeito do campo e o amor-perfeito selvagem. Embora os seus efeitos medicinais sejam um pouco diferentes, utilizo-as da mesma forma, mas prefiro a violeta doce, que pode ser identificada de forma fiável pelo seu cheiro forte. Durante a colheita, corto apenas a parte acima do solo e deixo a raiz intacta. Mas não precisamos de danificar a violeta doce na natureza porque também a podemos comprar numa farmácia. Não utilizamos outras espécies de violetas decorativas para fins medicinais.

A principal aplicação medicinal da violeta doce na prática herbalista é a supressão e a paragem da tosse, onde a considero uma das melhores ervas de todas. Liberta e dissolve o muco, acalma os órgãos respiratórios e também trata a tosse convulsa. No caso de uma gripe ou de uma constipação forte, bebemos chá de violeta morno adoçado com mel, que actua muito bem tanto em crianças como em pessoas mais velhas. Para as crianças mais pequenas, podemos preparar uma decocção de leite em vez de chá. O chá de violeta doce também tem efeitos diuréticos e anti-reumáticos, purga o sangue, elimina a transpiração excessiva e é um dos melhores medicamentos à base de plantas contra a enxaqueca.

O poder medicinal da violeta doce também se manifesta na sua utilização externa, na melhor das hipóteses sob a forma de uma tintura. Aplicamos a tintura em eczemas húmidos e mal cicatrizados, feridas e borbulhas de todo o tipo ou lavamo-las com uma decocção forte. Podemos aplicar as pontas frescas e pouco amassadas em úlceras de difícil cicatrização e utilizá-la como tratamento de apoio nos casos de manifestações externas de cancro.

O chá de violeta doce numa concentração mais forte pode induzir náuseas e vómitos, por isso observamos as doses habituais e adicionamos-lhe outras ervas de ação semelhante.

A violeta doce pertence às plantas medicinais mais antigas. Já os Celtas faziam preparações cosméticas com ela. Na Grécia antiga era utilizada para acalmar e contra as insónias. Na Roma antiga era utilizada contra as dores de cabeça. Na Idade Média, era utilizada em Inglaterra como laxante suave para crianças. O Zodíaco atribuiu-lhe uma ligação com a constelação de Balança.

Mel de violeta doce

Moer os topos secos da violeta doce até ficarem em pó e adicionar uma quantidade tal de mel quente que se obtenha uma papa mais densa.

"Colocar lentamente uma colher na garganta", porque o remédio de mel actua especialmente no esófago e não no estômago.

Mistura de chá contra a enxaqueca
Preparamo-la com partes iguais de violeta doce, hortelã bálsamo, orégãos e topos de hortelã-pimenta. Verter 1/2 litro de água a ferver sobre duas colheres da mistura, deixar em infusão tapada, verter através de um coador e adicionar uma colher de chá de tintura de valeriana. Beber a dose inteira em partes durante 1 a 2 horas. Colocar uma compressa fria na testa e aplicar óleo de alfazema nas têmporas.

Chá de violeta doce para tratar a paralisia
Deitar 1/2 litro de água a ferver sobre duas colheres de folhas de violeta doce e deixar em infusão tapada. Adicionar uma colher de chá de cada uma das tinturas de arnica e de ginkgo e beber três vezes por dia. Aplicar a tintura de arnica diluída nas partes paralisadas do corpo.

90 Não tenhas medo de um AVC, se acreditas no visco

Visco *Viscum album*

Vejo frequentemente visco, mas raramente o consigo apanhar. Isto deve-se ao facto de este arbusto de folha perene ser parcialmente um parasita vegetal, que se instala em várias plantas lenhosas. Cresce sobretudo no alto dos ramos das árvores e, à distância, parece um ninho de pássaro. Recolhemos o visco no início do inverno e depois no seu final - é mais eficaz nessa altura - na melhor das hipóteses a partir de árvores cortadas. A droga é feita pelas próprias folhas, apenas com pequenas pontas moles dos ramos, que devem ser cortadas imediatamente após a recolha porque endurecem rapidamente. As pequenas bolas brancas devem ser retiradas porque são venenosas. A qualidade do medicamento depende da árvore onde cresce o visco. Considera-se que o melhor é o do espinheiro, da macieira, do carvalho e das árvores coníferas; não se recomenda a sua recolha em choupos. O medicamento pode ser comprado numa farmácia, pelo que não é necessário preocupar-se com a sua exigente recolha.

Na vida de hoje, cheia de stress, de pressões sanguíneas crónicas altas e baixas e de doenças cardiovasculares, as capacidades medicinais do visco têm um significado especial. Isto porque, tal como o alho, é capaz de controlar a tensão arterial e, assim, diminuir a tensão alta e aumentar a baixa. Isto é conseguido pelo facto de amolecer e remover depósitos de cálcio no sistema vascular, o que previne ataques cardíacos e derrames. Também fortalece o músculo cardíaco e melhora a circulação sanguínea. Isto torna-o um medicamento de primeira classe e o melhor agente preventivo contra as doenças mais traiçoeiras da atualidade. A ação medicinal do visco é, no entanto, muito mais vasta. Uma vez que abranda a reprodução celular, ajuda nos casos de cancro, em particular do estômago. Estimula o sistema imunitário, elimina o stress, as dores de cabeça, a ansiedade e o nervosismo. Ajuda as mulheres nos casos de dificuldades durante a menopausa e de infertilidade; também a adiciono ao meu chá popular para parar a hemorragia da mulher.

O visco pertence às plantas venenosas, pelo que o utilizamos com muito cuidado; de modo algum aumentamos as doses prescritas, muito pelo contrário. As suas substâncias activas são destruídas pela fervura, pelo que é melhor utilizá-lo sob a forma de tintura ou pó.

Segundo os druidas, o visco nasce de um raio que atinge uma árvore e, por isso, é portador de energia sexual. Os sacerdotes celtas cortam um ramo de visco com uma foice dourada no Natal, com o desejo de felicidade durante todo o ano. Um ramo de visco dourado foi conservado simbolicamente na mesa de Natal e de Ano Novo até aos dias de hoje.

Tintura de visco

Verter a bebida espirituosa sobre a droga recém-cortada ou seca da farmácia, de modo a que fique bem coberta. Deixar macerar durante 6 a 8 semanas num local escuro; agitar ocasionalmente. Verter através de um coador, deixar sedimentar e decantar cuidadosamente ou retirar com um sifão. Utilizar 15 - 20 gotas com um pouco de água duas vezes por dia durante 3 - 4 semanas, depois fazer um travão de três meses.

Mistura de chá contra um ataque cardíaco

Para a prevenção contra esta doença maligna, misturamos partes iguais de cada um dos topos de hortelã e erva de São João e flores de espinheiro.

Adicionamos uma colher de chá de tintura de visco ao chá preparado da forma habitual.

As receitas deste livro foram comprovadas em muitos anos de prática herbalista. O autor, no entanto, não se responsabiliza por possíveis danos à saúde no caso de auto-cura.

DINO Plantas medicinais foto Lista das espécies

ABIES ALBA
ACANTHOPANAX SENTICOSUS
ACANTO MOLLIS
ACER PLATANOIDES
ACETOSA PRATENSIS
ACONITUM FIRMUM
ACONITUM NARELUS
ACORUS CALAMUS
ADÓNIS VERNALIS
AEGOPODIUM PODAGRARIA
AESCULUS HIPPOCASTANUM
AGASTACHE RUGOSA
AGRIMÓNIA EUPATÓRIA
ACHILLEA MILEFOLIUM
ACHILLEA PTARMICA
AJUGA GENEVENSIS
AJUGA REPTANS
ALCEA ROSEA
ALCHEMILLA VULGARIS
ALLIARIA OFFICINALIS
ALLIUM AMPELOPRASUM
ALÓLIO CEPA
ALLIUM FISTULOSUM
ALLIUM ODORATUM
ALIUM SATIVUM
ALLIUM SCHOENOPRASUM
URSÍNIO ALIUM
ALNUS GLUTINOSA
ALOÉ ARBORESCENS
ALOE FEROX
ALOE VERA
ALTHAEA OFFICINALIS
AMARANTHUS CAUDATUS
AMYGDALUS COMMUNIS
ANACYCLUS CLAVATUS
ANAGALLIS ARVENSIS

ANÉMONA NARCISSIFLORA
ANÉMONA NEMOROSA
ANÉMONA SYLVESTRIS
ANETHUM GRAVEOLENS
ANGELICA SYLVESTRIS
ANCHUSA OFFICINALIS
ANTHRISCUS CEREFOLIUM
ANTILIS VULNERARIA
APIUM GRAVEOLENS
AQUILEGIA VULGARIS
ARALIA MANDSHURICA
ARCTIUM LAPPA
ARCTIUM TOMENTOSUM
ARCTOSTAPHYLOS UVA - URSI
ARCHANGELICA OFFICINALIS
ARISTOLOCHIA CLEMATITE
ARMENIACA VULGARIS
ARMORACIA RUSTICANA
ARNICA MOLLIS
ARNICA MONTANA
ARONIA MERLANOCARPA
ARTEMÍSIA ABROTANUM
ARTEMÍSIA ABSINTO
ARTEMÍSIA DRACUNCULUS
ARTEMÍSIA VULGAR
ARUM MACULATUM
ASARUM EUROPAEUM
ASCLEPIAS SYRIACA
ESPARGOS DENSIFLORUS
ESPARGOS OFFICINALIS
ASTRANTIA MAJOR
ATROPA BELLA - DONNA
AVENA SATIVA
BALLOTA NIGRA
BALSAMITA MAJOR
BELLIS PERENNIS
BÉRBERIS VULGARIS
BETA VULGARIS CONDITIVA

BETÓNICA OFFICINALIS
BETULA PENDULA
BIDENS TRIPARTITA
BISTORTA MAJOR
BORAGO OFFICINALIS
BRASSICA NAPUS
BRASSICA NIGRA
BRASSICA OLERACEA (ALBA)
BRYONIA ALBA
BRYONIA DIOICA
CALAMINTHA OFFICINALIS
CALÊNDULA OFFICINALIS
CALLUNA VULGARIS
CANNABIS SATIVA
CAPSELLA BURSA - PASTORIS
CAPSICUM ANNUUM
CARDAMINA AMARA
CARLINA ACAULIS
CARUM CARVI
CASTANEA SATIVA
CENTAURIUM ERYTRAEA
CENTRANTHUS RUBER
CERASUS VULGARIS
CETRARIA ISLANDICA
CHAMAEMELUM NOBILE
CHAMAEPLIUM OFFICINALE
CHAMAERION ANGUSTIFOLIUM
CHELIDONIUM MAJUS
CHENOPODIUM BONUS HENRICUS
CRISOSPLÉNIO ALTERNIFOLIUM
CICHORIUM INTYBUS
CINNAMOMUM ZEYLANICUM
CIRSIUM ARVENSE
CITRINO LIMÃO
CITRUS SINENSIS
CLAVICEPS PURPUREA
CNICUS BENEDICTUS
COCHLEARIA OFFICINALIS

COLCHICUM AUTUMNALE
CONIUM MACULATUM
CONSOLIDA REGALIS
CONVALLARIA MAJALIS
CONVOLVULUS ARVENSIS
CONYZA CANADENSIS
CORIANDRUM SATIVUM
CORNUS MAS
CORNUS OFFICINALIS
CORYLUS AVELLANA
CRATAEGUS LAEVIGATA
CRATAEGUS MONOGYNA
CUCUMIS PEPO
CUCURBITA PEPO
CYANUS SEGETUM
CYDONIA OBLONGA
CYNARA CARDUNCULUS
CYNOGLOSSUM OFFICINALE
DAPHNE MEZEREUM
DATURA STRAMONIUM
DAUCUS CAROTA
DICTAMNUS ALBUS
DIGITALIS GRANDIFLORA
DIGITALIS LANATA
DIGITALIS PURPUREA
DIPSACUS SYLVESTRIS
DROSERA ROTUNDIFOLIA
DRYOPTERIS FILIX - MAX
ECHINACEA ANGUSTIFOLIA
EQUINÁCEA PURPUREA
ECHINOPS SPHAEROCEPHALUS
ECHIUM VULGARE
ELYTRIGIA REPENS
EPILOBIUM PARVIFLORUM
EQUISETUM ARVENSE
ESCHSCHOLTZIA CALIFORNICA
ERYNGIUM CAMPESTRE
ERYGIUM MARITIMUM

ERYNGIUM PLANUM
EUCALIPTO GLOBULUS
EUONYMUS EUROPAEUS
EUPATORIUM CANNABINUM
EUFRÁSIA ROSTKOVIANA
FAGOPYRUM ESCULENTUM
FAGOPYRUM TATARICUM
FICARIA VERNA
FICUS CARICA
FILIPÊNDULA ULMÁRIA
FILIPÊNDULA VULGARIS
FOENICULUM VULGARE
FRAGARIA VESCA
FRANGULA ALNUS
FRAXINUS EXCELSIOR
FRAXINUS ORNUS
FUMARIA OFFICINALIS
GALANTHUS NIVALIS
GALEGA OFFICINALIS
GALEOBDOLON LUTEUM
GALEOPSIS SEGETUM
GALINSOGA PARVIFLORA
GALIUM ODORATUM
GALIUM VERUM
GENISTA TINCTORIA
GENTIANA LUTEA
GERÂNIO ROBERTIANUM
GEUM URBANUM
GINKGO BILOBA
GLECHOMA HEDERACEA
GLICINA MAX
GLICINA SOJA
GLICIRRIZA GLABRA
GRATIOLA OFFICINALIS
GYPSOPHILA PANICULATA
HAMAMELIS VIRGINIANA
HEDERA HELIX
HELIANTHUS ANNUUS

HALIANTHUS TUBEROSUM
HELICHRYSUM ARENARIUM
HELÉBORO NIGER
HEPATICA NOBILIS
HERNIÁRIA GLABRA
HIPPOPHAE RHAMNOIDES
HUMULUS LUPULUS
HYOSCYAMUS NIGER
HIPERICÃO PERFORATUM
HYSSOPUS OFFICINALIS
IBERIS AMARA
ILEX AQUIFOLIUM
IMPERATORIA OSTRUTHIUM
INDIGOFERA TINCTORIA
INULA HELENIUM
IRIS ALEMANHA
JUGLANS REGIA
JUNCUS EFFUSUS
JUNÍPERO COMMUNIS
KNAUTIA ARVENSIS
ÁLBUM LAMIUM
LAMIUM PURPUREUM
LARIX DECIDUA
LAUROCERASUS OFFICINALIS
LAURUS NOBILIS
LAVANDULA ANGUSTIFOLIA
LEDUM PALUSTRE
LEONURUS CARDIACA
LEPIDIUM SATIVUM
LEUZEA RHAPONTICA
LEVISTICUM OFFICINALE
LILIUM CANDIDUM
LINARIA VULGARIS
LINUM USITATISSIMUM
LITHOSPERMUM OFFICINALE
LOBÉLIA INFLATA
LUNARIA REDIVIVA
LYCOPERSICON ESCULENTUM

LICOPÓDIO CLAVATUM
LICOPUS EUROPAEUS
LYSIMACHIA NUMMULARIA
LYTHRUM SALICARIA
MAHONIA AQUIFOLIUM
MAJORANA HORTENSIS
MALUS DOMESTICA
MALVA MAURITIANA
MALVA NEGLECTA
MALVA SYLVESTRIS
MANDRAGORA OFFICINARUM
MARRUBIUM VULGARE
MATRICÁRIA DISCOIDEA
MATRICÁRIA RECUTITA
MEDICAGO SATIVA
MELILOTUS OFFICINALIS
MELISSA OFFICINALIS
MENTHA AQUATICA
MENTHA CRISPA
MENTHA LONGIFOLIA
MENTHA PIPERITA
MENYANTHES TRIFOLIATA
MONARDA DIDYMA
MORUS ALBA
MORUS NIGRA
MURTA COMUM
CAPUCHINHA (NASTURTIUM OFFICINALE)
NEPETA CATARIA
NICOTIANA TABACUM
NIGELLA SATIVA
NYMPHAEA ALBA
OCIMUM BASILICUM
OENOTHERA BIENNIS
OLEA AUROPAEA
ONONIS ARVENSIS
ONONIS SPINOSA
ORCHIS MORIO
ORIGANUM VULGARE

ORYZA SATIVA
OXALIS ACETOSELLA
PADUS AVIUM
PAEONIA OFFICINALIS
PAPAVER RHOEAS
PAPAVER SOMNIFERUM
PARIETARIA OFFICINALIS
PARIS QUADRIFOLIA
PASTINACA SATIVA
PERSICARIA HYDROPIPER
PERSICARIA LAPATHIFOLIA
PETASITES HYBRIDUS
PETROSELINUM CRISPUM
PEUCEDANUM OFFICINALE
PHASEOLUS VULGARIS
PHYSALIS ALKEKENGI
PHYTOLACCA AMERICANA
PICEA ABIES
PILOSELLA OFFICINARUM
PIMPINELA ANIS
PIMPINELA SAXIFRAGA
PINUS MUGO PUMILIO
PINUS SYLVESTRIS
PIPER NIGRUM
PLANTAGO LANCEOLATA
PLANTAGO MAJOR
PLANTAGO MEDIA
POLEMONIUM CAERULEUM
POLIGALA AMARA
POLYGONATUM MULTIFLORUM
POLYGONATUM ODORATUM
POLYGONUM AVICULARE
POLYPODIUM VULGARE
POPULUS NIGRA
POTENTILLA ARGENTEA
POTENTILLA ANSERINA
POTENTILLA ERECTA
PRIMULA ELATIOR

PRIMULA VERIS
PRUNELLA GRANDIFLORA
PRUNELLA VULGARIS
PRUNUS DOMESTICA
PRUNUS SPINOSA
PULMONARIA OFFICINALIS
PUNICA GRANATUM
PIRETRO (PYRETHRUM PARTHENIUM)
PYRUS COMMUNIS
QUERCUS PETRAEA
QUERCUS ROBUR
RANUNCULUS ARCIS
RAPHANUS SATIVUS
RAPHANUS SATIVUS "NIGER
RHAMNUS CATHARTICUS
RHEUM OFFICINALE
REUM PALMATICUM
RHODIOLA ROSEA
NIGRUM DE RIBAS
RICINUS COMMUNIS
ROBINIA PSEUDOACACIA
ROSA CANINA
ROSA CENTIFOLIA
ROSMARINUS OFFICINALIS
RUBIA TINCTORUM
RUBUS FRUTICOSUS
RUBUS IDAEUS
RUMEX ACETOSA
RUMEX HYDROLAPATHUM
RUTA GRAVEOLENS
SALIX ALBA
SÁLVIA (SALVIA OFFICINALIS)
SÁLVIA PRATENSIS
SALVIA SCLAREA
SAMBUCUS EBULUS
SAMBUCUS NIGRA
SANGUISORBA OFFICINALIS
SANICULA EUROPAEA

SANTOLINA CHAMAECYPARISSUS
SAPONARIA OFFICINALIS
SAROTHAMNUS SCOPARIUS
SATUREJA HORTENSIS
SATUREJA MONTANA
SCORZONERA HISPANICA
SCROPHULARIA NODOSA
SCUTELLARIA BAICALENSIS
SECALE CEREALE
SEDUM ACRE
SEMPERVIVUM TECTORUM
SENECIO JACOBAEA
SENECIO VULGARIS
SCHIZANDRA CHINENSIS
SILENE VULGARIS
SILÍCIO (SILYBUM MARIANUM)
SINAPIS ARVENSIS
SOLANUM DULCAMARA
SOLANUM NIGRUM
SOLANUM TUBEROSUM
SOLIDAGO CANADENSIS
SOLIDAGO VIRGAUREA
SORBUS AUCUPARIA
STACHYS SYLVATICA
STELLARIA MEDIA
STEVIA REBAUDIANA
SUCCISA PRATENSIS
SYMPHORICARPOS ALBA
SYMPHYTUM OFFICINALE
TANACETUM VULGARE
TARAXACO (TARAXACUM OFFICINALE)
TAXUS BACCATA
TEUCRIUM CHAMAEDRYS
THUJA OCCIDENTALIS
TIMO SERPILHEIRO
TIMO VULGAR
TILIA CORDATA
TILIA PLATYPHYLLOS

TRIFOLIUM ARVENSE
TRIFOLIUM PRATENSE
TRIFOLIUM REPENS
TRIGONELLA FOENUM - GRAECUM
TROPAEOLUM MAJUS
TULIPA GESNERIANA
TUSSILAGO FARFARA
ULMUS MENOR
URGINEA MARITIMA
URTICA DIOICA
VACCINUM MYRTILLUS
VACCINUM VITIS - IDAEA
VALERIANA OFFICINALIS
VERATRUM ALBUM
VERBASCUM DENSIFLORUM
VERBASCUM NIGRUM
VERBASCUM PHLOMOIDES
VERBENA OFFICINALIS
VERÓNICA BECCABUNGA
VERÓNICA OFFICINALIS
VIBURNO (VIBURNUM OPULUS)
VINCA MENOR
VINCETOXICUM HIRUNDINARIA
VIOLA ARVENSIS
VIOLA ODORATA
VIOLA TRICOLOR
ÁLBUM VISCUM
VITIS VINIFERA
ZEA MAYS
ZINGIBER OFFICINALIS

1.2.2022

Referências

Selection from the used literature:

Doc. Jaroslav Kresánek, Atlas of medicinal plants and forest fruits, (Atlas liečivých rastlín a lesných plodov), Osveta Martin, 1977

Jiří Janča, Josef A. Zentrich, Herbarium of medicinal plants, (Herbář léčivých rostlin), Eminent Prague, 1994

Herbs & herbalism, Malcom Stuart, Orbis Publishing London, 1982

Jiří Bodlák, Herbs in medicine, cosmetics and in the kitchen, (Byliny v léčitelství, v kozmetice a v kuchyni), Poznání Olomouc, 2005

J. G. Mayr, B. Uehleke, K. Saun, Secrets of monastery medicine, (Tajomstvá kláštornej medicíny), Ikar Bratislava, 2004

Karol Mika, Phytotherapy from the doctor's pen, (Fytoterapia z pera lekára), Osveta Martin, 2016

Journal of medicinal plants, (Časopis Liečivé rastliny), Herba Bratislava, 2000 – 2018

MIX
Papier aus verantwortungsvollen Quellen
Paper from responsible sources
FSC® C105338

Printed by Books on Demand GmbH, Norderstedt / Germany